飞行器综合健康管理：实现与教训
Integrated Vehicle Health Management: Implementation and Lessons Learned

[英] 伊恩·K.詹宁斯 主编

尉询楷 冯 悦 周 敏 王克亮 赵雪红 王 浩 译

冯志明 主审

国防工业出版社

·北京·

内 容 简 介

本书是 SAE 出版的 IVHM（飞行器综合健康管理）系列丛书第四部。本书介绍了各种各样的典型案例研究、经验教训，以及 IVHM 系统研制、实现和管理相关的真知灼见，回答了关于 IVHM 实现相关的问题以及在实际应用中能够借鉴的教训。本书可作为专业从事 IVHM 研发和应用人士的重要参考书，也适用于从事 IVHM 学习、研究和实践的高等院校研究生参考。

图书在版编目（CIP）数据

飞行器综合健康管理：实现与教训/（英）伊恩·K. 詹宁斯（Ian K. Jennions）主编；尉询楷等译. —北京：国防工业出版社，2023.7
 书名原文：Integrated Vehicle Health Management: Implementation and Lessons Learned
 ISBN 978-7-118-12921-2

Ⅰ. ①飞… Ⅱ. ①伊… ②尉… Ⅲ. ①飞行器-设备管理 Ⅳ. ①V467

中国国家版本馆 CIP 数据核字（2023）第 112029 号

※

国防工业出版社出版发行
（北京市海淀区紫竹院南路 23 号　邮政编码 100048）
三河市腾飞印务有限公司印刷
新华书店经售

*

开本 710×1000　1/16　插页 2　印张 12¾　字数 220 千字
2023 年 7 月第 1 版第 1 次印刷　印数 1—1500 册　定价 98.00 元

（本书如有印装错误，我社负责调换）

国防书店：（010）88540777　　书店传真：（010）88540776
发行业务：（010）88540717　　发行传真：（010）88540762

译 者 序

飞行器综合健康管理技术是近年来飞行器重点发展的先进技术,是实现飞行器飞行安全、降低维修保障费用、推行新型高效维修保障模式的支撑技术。发达国家高度重视这项技术的研究和应用,并将其列为未来若干年重点发展的关键技术之一。目前,国外新一代飞机均已配装了先进的健康管理系统,出版了一系列的研究著作,形成系列化的行业技术标准。与国外相比,我国在飞行器健康管理技术的研究方面还处于起步阶段,在该方向的中文参考书籍数量不多,急需引进一批内容新颖、质量好、具有权威性的外文专著。

伊恩·K. 詹宁斯教授是英国克兰菲尔德大学 IVHM 中心的主任、SAE IVHM 指导组和 HM-1IVHM 委员会的主任,曾任罗·罗、GE 等公司多个技术职务,有着超过 30 年的燃气涡轮发动机行业从业经验,在气体动力学、流体系统、机械设计、IVHM 等多个领域均造诣深厚,是国际公认的 IVHM 权威专家。伊恩·K. 詹宁斯教授是 SAE 飞行器综合健康管理丛书的主编。

Integrated Vehicle Health Management: Implementation and Lessons Learned 是 SAE 飞行器综合健康管理丛书的第四部。全书由从事飞行器综合健康管理研究和应用的 23 位权威专家执笔,通过航空、计算机取证、生物科技、铁路等不同领域的典型案例,详细总结介绍 IVHM 研制和列装应用过程中的实现与教训,是一部非常难得的 IVHM 研制经验教训参考书。

全书由尉询楷、冯悦、周敏、王克亮、赵雪红、王浩翻译,由尉询楷、冯悦统稿,冯志明所长审校。本书适用于从事飞行器综合健康管理研究与应用的设计人员、研究人员,高等院校相关方向的研究生,以及从事飞行器型号研制管理的专业人士参考阅读。

本书的翻译工作得到了译者单位的支持与鼓励,冯志明所长拨冗对全书译稿进行了细致的审查,国防工业出版社冯晨编辑在本书出版过程中付出了大量的辛勤劳动,在此一并致谢。翻译过程中,离不开家人的大力支持,至此成稿之际,谨向家人们表示由衷的感谢!受译者水平所限,译稿难免存在不妥之处,也请读者批评指正。

译 者

二〇二三年一月

目 录

第1章 绪论 ··· 1
  1.1 背景 ·· 1
  1.2 本书结构 ·· 2
  参考文献 ··· 3

第2章 人因 ··· 4
  2.1 引言 ·· 4
  2.2 预备知识 ·· 5
  2.3 什么是人因 ··· 5
  2.4 人如何处理信息 ··· 6
  2.5 人因对于系统概念和预期使用的影响 ······································· 7
  2.6 人与系统和周边使用环境的交互 ··· 9
  2.7 解决方案 ·· 9
  参考文献 ·· 11

第3章 信任 ·· 13
  3.1 为何信任在 IVHM 中很重要？ ·· 13
      3.1.1 信任和质量的非理性方面演示 ······································· 14
      3.1.2 EHM 系统失效的教训 ·· 14
  3.2 什么是 IVHM 背景下的信任？ ·· 16
      3.2.1 增强操作能力 ··· 17
  3.3 STRAPP 项目 ·· 17
      3.3.1 信任假设 ··· 18
      3.3.2 架构教训 ··· 18
  3.4 溯源链看起来是什么样？ ··· 26
  3.5 本章小结 ··· 28
  参考文献 ·· 28

第 4 章 维护飞机、火车、清洁能源和身体健康：23 条惨痛教训 30
- 4.1 引言 30
- 4.2 教训 31
- 4.3 案例与故事 36
- 4.4 本章小结 38
- 4.5 致谢 38
- 参考文献 39

第 5 章 IVHM 系统——创新之路 41
- 5.1 引言 41
- 5.2 AHEAD-Pro 系统 41
- 5.3 IVHM 技术开发 43
- 5.4 重要方面和教训 46
  - 5.4.1 技术研发过程 47
  - 5.4.2 研制特性 48
  - 5.4.3 用户介入 48
  - 5.4.4 资助 49
  - 5.4.5 持续监视全球新的 IVHM 研发 ... 49
  - 5.4.6 项目管理 50
  - 5.4.7 知识产权 50
  - 5.4.8 组织 51
  - 5.4.9 技术转移 51
  - 5.4.10 吸取教训 52
- 5.5 本章小结 52
- 参考文献 53

第 6 章 APU 健康管理开发与实现的教训 55
- 6.1 引言 55
- 6.2 APU 健康管理需求 55
- 6.3 实现挑战 56
  - 6.3.1 机载实现挑战 56
  - 6.3.2 离机实现挑战 58
- 6.4 实现中的教训 59
  - 6.4.1 APU 健康管理——首次实现 ... 59

  6.4.2 APU 健康管理——第二次实现 ·············· 62
 6.5 制作业务案例 ·············· 64
 6.6 改变文化 ·············· 65
 参考文献 ·············· 66

第 7 章 IVHM APU 自动空中启动大纲 ·············· 67
 7.1 引言 ·············· 67
 7.2 法规要求 ·············· 68
 7.3 AHM 自动 APU 空中启动大纲概述 ·············· 69
 7.4 教训：手工规划 ·············· 70
 7.5 实现：借助波音 AHM 的过程建模 ·············· 71
 7.6 性能指标 ·············· 72
 7.7 本章小结 ·············· 73
 参考文献 ·············· 73

第 8 章 RASSC 项目 ·············· 75
 8.1 项目目标 ·············· 75
 8.2 结构健康监视 ·············· 77
 8.3 结构健康监视服务 ·············· 78
 8.4 合同和法律关系 ·············· 80
 8.5 知识库特性 ·············· 81
 8.6 提交协议 ·············· 82
 8.7 服务模型 ·············· 83
 8.8 经济性、业务和费用模型 ·············· 84
 8.9 本章小结 ·············· 85
 参考文献 ·············· 85

第 9 章 计算机取证学：证据完整性挑战 ·············· 88
 9.1 引言 ·············· 88
 9.2 扣押 ·············· 89
 9.3 保管或证据管理 ·············· 89
  9.3.1 证据管理因素 ·············· 89
  9.3.2 连续性保证方法 ·············· 90
 9.4 数据采集和再生性 ·············· 91
  9.4.1 写保护器 ·············· 92

  9.4.2 哈希算法 ··· 93
  9.4.3 软件 ·· 93
  9.4.4 同期笔录 ··· 94
 9.5 案例研究——USB 存储棒采集 ·························· 94
 9.6 案例研究——移动电话数据采集 ······················· 95
 9.7 本章小结 ··· 96
 参考文献 ·· 97

第 10 章 可再生生物技术：规模制造中的追赶 ············ 99
 10.1 引言 ··· 99
 10.2 移液管 ··· 100
 10.3 工业案例 ·· 102
 10.4 在健康状态设计、诊断何时出错 ··················· 103
 10.5 仪器案例研究 ·· 105
 10.6 本章小结 ·· 105
 参考文献 ·· 107

第 11 章 旋翼机 HUMS：历史上的教训 ···················· 108
 11.1 引言 ·· 108
 11.2 V-22 鱼鹰 CIC/VSLED——第一款 IVHM 系统？······· 109
  11.2.1 CIC/VSLED 实现中的教训 ················· 109
 11.3 北海 FDR/HUMS 研制 ······························ 111
  11.3.1 北海 HUMS 的研制教训 ···················· 112
 11.4 直升机 OEM 品牌系统 ······························ 113
  11.4.1 旋翼机 OEM HUMS 开发中的教训 ········ 117
 11.5 美国 FAA ··· 118
  11.5.1 教训 ·· 119
 11.6 军事领域中的 HUMS/CBM ························· 119
  11.6.1 教训 ·· 120
 11.7 当前研究和近期发展 ································ 121
 11.8 现行的技术数据源涵盖了旋翼机 HUMS 的所有方面 ······· 122
 参考文献 ·· 123

第 12 章 以色列空军 THUMS 和 CBM 教训 ················ 127
 12.1 背景 ·· 127

12.2 以色列空军故事的开始——"启动"愿景 ·················· 127
12.3 阿帕奇 THUMS——首个全尺寸计划 ·················· 128
 12.3.1 THUMS 架构 ·················· 129
 12.3.2 数据流 ·················· 130
 12.3.3 飞行状态识别 ·················· 131
 12.3.4 阿帕奇 THUMS 性能 ·················· 132
 12.3.5 成功案例 ·················· 133
 12.3.6 诊断事件 ·················· 134
12.4 视情维护 ·················· 136
12.5 教训 ·················· 137
12.6 新愿景 ·················· 138
 12.6.1 改进的建模能力 ·················· 138
 12.6.2 改进的传感能力 ·················· 138
 12.6.3 改进的预测工具 ·················· 139
 12.6.4 数据挖掘 ·················· 139
12.7 本章小结 ·················· 139
12.8 致谢 ·················· 139
参考文献 ·················· 139

第 13 章 霍尼韦尔的 IVHM 发展简史 ·················· 141

13.1 引言 ·················· 141
13.2 产品案例和解决方案 ·················· 141
 13.2.1 健康和使用监视系统 ·················· 142
 13.2.2 流程装备监视 ·················· 144
 13.2.3 机载维护系统 ·················· 145
 13.2.4 性能趋势监视 ·················· 147
13.3 本章小结 ·················· 148
参考文献 ·················· 150

第 14 章 空客的 IVHM 实现经验 ·················· 151

14.1 引言 ·················· 151
14.2 机载部分 ·················· 151
 14.2.1 早期的健康状态评估（空客 A300/A310）·················· 151
 14.2.2 第一代中央地勤维护系统（A320 到 A330/340）·················· 152

14.2.3　拓展的中央维护系统和进近无缝工作流（A380 和 A350XWB）…… 153
　　14.2.4　挑战性设计和确认 …………………………………………………… 156
14.3　地面部分 ………………………………………………………………………… 157
　　14.3.1　历史观点 ……………………………………………………………… 157
　　14.3.2　当前的产品实现 ……………………………………………………… 158
14.4　展望 ……………………………………………………………………………… 162
　　14.4.1　从非计划性维护到预测性维护 ……………………………………… 162
　　14.4.2　从定期维护到视情维护 ……………………………………………… 162
　　14.4.3　从手动/半自动到自动化过程 ………………………………………… 162
　　14.4.4　从当地在飞机上维护到远程维护 …………………………………… 163

第 15 章　飞机健康和趋势监视：湾流 G650 飞机的 IVHM 经验 …… 164
15.1　G650 飞机健康和趋势监视简介 ……………………………………………… 164
15.2　AHTMS 概述 …………………………………………………………………… 166
15.3　系统功能 ………………………………………………………………………… 166
　　15.3.1　空中功能 ………………………………………………………………… 166
　　15.3.2　地面功能 ………………………………………………………………… 166
15.4　数据分析和地面保障网络 ……………………………………………………… 167
15.5　数据传输 ………………………………………………………………………… 169
　　15.5.1　优先级 1 数据 …………………………………………………………… 171
　　15.5.2　优先级 2 数据 …………………………………………………………… 171
　　15.5.3　优先级 3 数据 …………………………………………………………… 171
　　15.5.4　优先级 4 数据 …………………………………………………………… 171
15.6　AHTMS 服役 …………………………………………………………………… 171
　　15.6.1　跨洋高优先级 CAS 事件 ……………………………………………… 171
　　15.6.2　地面上的飞行控制问题 ……………………………………………… 172
　　15.6.3　起落架维护信息 ……………………………………………………… 173
　　15.6.4　燃油波动 ……………………………………………………………… 174
15.7　本章小结 ………………………………………………………………………… 174

第 16 章　通往飞行器健康管理之路 ……………………………………………… 176
16.1　GE 航空的飞行器和健康管理历史 …………………………………………… 176
16.2　数据采集和记录器 ……………………………………………………………… 177
16.3　旋翼机 IVHM …………………………………………………………………… 178

16.4 飞机健康管理系统 ·················· 180
16.5 未来展望和教训 ···················· 183
参考文献 ································ 184

第 17 章 总结与结论 ······················ 185
17.1 人因 ······························ 185
17.2 信任 ······························ 186
17.3 HUMS ····························· 187
17.4 已列装系统 ························ 187
17.5 结论 ······························ 189

第1章 绪 论

伊恩·K. 詹宁斯，IVHM 中心，克莱菲尔德大学

1.1 背景

SAE 在 2010 年秋季成立了飞行器综合健康管理指导专业组，旨在指导下述处理不涉及飞行器装备或机群综合总体考虑的系统或子系统健康管理的委员会。

（1）S-18：飞机系统研制和安全性评估。

（2）E-32：航空推进系统健康管理。

（3）G-11：可靠性、维修性、保障性和概率方法专业组。

（4）G-11 SHM：结构健康监视和管理。

（5）AS-3：光纤和应用光学。

（6）A-6：航空作动、控制和流体动力系统。

（7）AE-5：航空燃油、滑油和氧化剂系统指导专业组。

（8）A-5：航空起落架系统。

2011 年 11 月，在法国图卢兹召开的 SAE 航空技术会议上，新成立的 IVHM HM-1 专业组组织了一个 IVHM 专题，萌生了出版一本 IVHM 书籍并分发给参会者的想法，以促进更多的人参与到这一新兴领域中。这样就促成了 IVHM 系列的第一本书《飞行器综合健康管理：新兴领域视角》，并相继形成了 IVHM 的四部系列著作。

IVHM 第一本书主要从宏观上探讨 IVHM 的主题，可作为对本领域感兴趣的高层决策者和技术人士理解整个主题和价值的重要参考。在书籍撰写期间新出现的以及由此引发的对话是 IVHM 应用的主要障碍，这种障碍不只存在于技术本身，也存在于表达清晰商业案例的能力中。通过案例可展示工程设计、装备研制所需的费用，以及灌输服务理念和新工艺、过程培训等的组

织（文化）费用。

由上产生了第二本书《飞行器综合健康管理：商业案例理论和实践》，这本书建立了一种基于 IVHM 的商业模式转变，从卖产品、卖配件到卖服务，从装备的高效维护中定期获取回报。要求更加深入地理解装备如何使用，部件怎么降级、如何被维护等，从而提供 IVHM 基本原理的阐释。这本书的目标是提供构建商业案例所需的工具和技术并提供其相关的背景。其读者对象主要是针对商业机构，但是对技术机构的读者也兼具可读性。

系列第三部《飞行器综合健康管理：技术细节》则回归到第一本书中的 IVHM 分类主题，其目的是从宏观细化到每个主题领域，并作为一本 IVHM 必备的入门读本，为感兴趣的读者提供更多技术实现细节。如果你来自传感器领域，则你可能不甚理解预测的意义；如果你做的是推理，要理解架构往往会遇到困难。本书有助于读者按图索骥，拓宽知识面。

此外，SAE 还在 2013 年出版了一部未列入丛书系列、回顾技术进展的论文集《飞行器综合健康管理：必读》，从子系统视角出发，收录了近 5~10 年最有影响力的 22 篇技术论文，列出了主要的技术进展，回顾了 IVHM 的发展历史。

本书是该系列的第四部，也可能是最后一部，主要侧重于介绍 IVHM 列装应用过程中的实现与教训。从本质上说，IVHM 技术列装的经验不但来自于航空航天，也来源于其他相关且有挑战性的领域。正因为如此，本书也征集了来自计算机取证学、生物技术以及铁路行业作者的研究成果。此外，应当指出，有一些经验教训并非纯技术，而是涉及人因以及诸如对数据和 IVHM 的"信任"等问题，本书也涉及了这些话题。期望这样的书，能够让读者对新系统的研发周期和成本费用做到心中有数，促进 IVHM 实现其真正的价值。

1.2　本书结构

本书章节安排如下：

（1）第 2~3 章，主要介绍重要的"软"话题，人因和信任问题。只有解决了这些问题，正在开发的技术才能被行业接受。

（2）第 4~7 章，主要介绍经验教训，先是从单个视角，接着过渡到案例研究。

（3）第 8~10 章，从不同领域用各自的语言介绍了 IVHM 并行领域的相关发展情况。

（4）第 11～12 章，介绍了直升机的应用经验，完整回顾了 HUMS 的发展历史以及以色列空军的现实应用经验。

（5）第 13～16 章，以 4 家最有影响力航空企业已列装系统的技术贡献进行收尾。

（6）第 17 章，对全书进行了总结，试图将全书各个内部关联的线索串在一起。

参 考 文 献

Jennions, I. K., ed. 2011. *Integrated Vehicle Health Management: Perspectives on an Emerging Field*, ISBN 978-0-7680-6432-2. SAE International: Warrendale, PA.

Jennions, I. K., ed. 2013a. *Integrated Vehicle Health Management: Business Case Theory and Practice*, ISBN 978-0-7680-7645-5. SAE International: Warrendale, PA.

Jennions, I. K., ed. 2013b. *Integrated Vehicle Health Management: The Technology*, ISBN 978-0-7680-7952-4. SAE International: Warrendale, PA.

Jennions, I. K., ed. 2013c. *Integrated Vehicle Health Management: Essential Reading*, ISBN 978-0-7680-8067-4. SAE International: Warrendale, PA.

第 2 章 人　因

摩因·弗洛伊德，拉维·拉贾马尼，美捷特 PLC

2.1 引言

飞机等现代高端装备的技术和复杂度几乎呈指数级增长，从而使监视性能和指导维修的系统也越加复杂。

尽管监视系统单个部件的功能和性能都得到了很好的控制，但其才开始在整个更高层级的完整 IVHM 系统中得到考虑。随着复杂度的增加，出现人为错误的可能就越大。这主要是由于人无法掌握传感器输入和计算输出所有可能的排列组合。

人因主题本身非常大，且超出本书的范围，因此，本书只给出一些在与人交流、与诸如飞机等复杂高端装备高度综合的监视系统交互中必须考虑的设计指南。本章所展示的因素都是在近 10 年内发动机健康管理系统（EHM）、旋翼机健康和使用监视系统（HUMS）以及 IVHM 等各种系统概念、研发和实现中遇到过的。由于实践中行业和 IVHM 的技术日新月异，很多因素在开始时还不清楚，有些因素的成本等于甚至高于工程解决方案中所涉及的因素。

一些因素表面上看起来是纯技术的，但实际上，仍需要由人的期望、需求、偏见等驱动。此外，特定个体的文化构成也对于其在特定情况下的反应产生重大影响。

很多会议和大学课程都设置 IVHM 主题，但在过去其对于监视系统的设计和运行影响不大。随着这些系统的普及，这种状况会改变。本章介绍了一些基本概念。对于人因的一些更加深入的话题将在本书"信任"一章中进行阐述。

2.2 预备知识

或许最早的监视形式是一个拿着纸和笔的人。其过程几乎完全是人因，提问的问题可归结如下：

（1）这个人感受到了什么？
（2）他们将所见记在纸上怎么样？
（3）其他人对于所写的内容理解得怎样？
（4）他们如何行动？
（5）采取什么步骤确定采取的措施是否成功且反馈回结果的方式能够预防其再次出现？

现在，这一过程大部分是相同的，但是除了反应之外的多数功能都由基于计算机的监视系统确定，监视系统通常使用大量传感器输入。随着这类系统的到来，有人可能想由于人因导致的后果会减少，实际上，正好相反，现在人因的多数来源掩盖在计算机绝对可靠的"神话"下面。

2.3 什么是人因

人因可分解为两个主旨领域，一类是影响监视系统自身的概念、执行及预期使用，另一类是由人与系统交互、通信以及用户周围环境所引起的。

为理解这些因素如何影响 IVHM 这样的复杂系统，我们需要考虑人是如何与这类系统交互和通信的。但这并不是简单的人机交互，在特定情况下其相互之间的交互会对一个工程系统产生显著的影响。此外，这种交互也会受到个体文化差异和约束的影响。据推测，1997 年韩国航空 801 航班在进近关岛时撞山正是这样一个由文化差异导致错误操作的案例。由于飞行员和机组之间的级联关系，初级管制员在看到飞行员重复采取错误操作后并没有提供语音建议或及时报警。另一个案例是 1990 年 72 航班在燃油耗尽后坠毁于长岛。据推测，主要是由于哥伦比亚籍飞行员没有与空中交通管制员进行充分的沟通取得优先着陆安排造成的。若这是真的，显然人因是这起惨剧的罪魁祸首。

基本的数据和部件流图如图 2-1 所示。图示的是 IVHM 工作原理的简化示意图。椭圆框标示的是多个人因影响设计和运行的区域。本章后续部分将详细介绍这些因素。

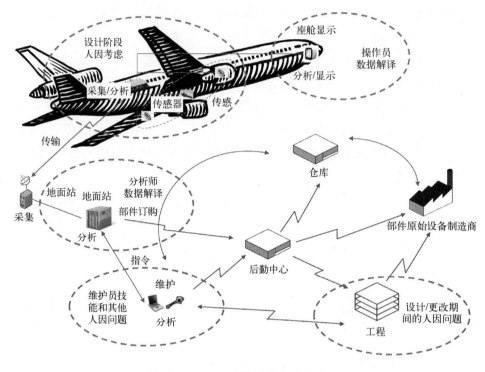

图 2-1 IVHM 使能的维护后勤系统

2.4 人如何处理信息

人主要有五类感官输入：视觉、听觉、味觉、嗅觉和触觉。在与 IVHM 交互的感知中，视觉无疑是主要的输入，但是由于大脑在决策过程中也会受到其他感官影响，因此也不能忽视其他的感觉。在实时环境下，其他感官输入甚至可能与 IVHM 系统可视化交流的内容冲突。

对于 IVHM 传感器自身，其传感输入的潜在错误与人的感官输入是相同的，即为工作范围和精度。

传感的信息由大脑处理并进行解译，这是错误产生的主要源头。这一解译易受过去经验的不良影响，导致产生给定输入下有特定意义的期望输出。

与机器不同，人有不同层次的动机、感知力或态度，这会影响结论的形成。从输入形成结论的过程称为感知,对人而言,感知比事实更强烈,这使其成为另一个潜在的错误产生源头。

已形成结论后,人会反应做出一个或多个决策。在缺乏清晰的指令时,这些决策会受各种物理和生理因素的影响,导致在执行的下一阶段产生错误,紧接着通过感官反过来又反馈给执行,产生进一步的错误。

在工作使用中,人因影响工作中从飞行员到维护人员操作的所有方面。一个典型的案例:飞机系统可能有很多模式或设置,执行操作根据模式的差别会截然不同。调查表明,一些原本可避免的飞机事故之所以发生正是由于在高度自动化的飞机中飞行员不清楚当前模式设置等相关因素造成的。

2.5 人因对于系统概念和预期使用的影响

从概念等级看,当今在用的很多 IVHM 系统是一个系统的组合体,每个系统进行论证、设计、研制,并主要用于实现特定单独的用途,而不是将 IVHM 视为一个整体。

每个系统通常都由物理参数传感、数据处理、格式化(用于快速操作或由其他系统进一步处理)等组成。其在精度、可重复性,甚至在其预期使用的适应性方面都会存在限制,尤其当同一个参数用于不同功能时(例如监视和控制)更是如此。在简单的指示系统中,信息只用于向操作员提供建议,这一过程会得到充分的理解并得到良好的控制。

所有现代系统都使用来自传感系统以及诸如控制等其他系统的数据,利用高等级计算能力导出诊断和预测信息。除非,系统集成者掌握系统中间和最终的目标,否则会存在产生组合错误的可能性。

监视系统通常仅在设计阶段因技术、历史、经济或法规驱动器存在无法通过设计消除的情况,或者出于经济原因需减少费用或产生未来的潜在收益时才考虑引入。例如在发动机中加装滑油碎屑监视系统可延长磁堵的检查区间,从而减少整个维修费用。

在所有情况下,商业案例研究通常会聚焦在技术和经济因素上,而不重视系统概念和利用中的人因。近期有两份关于 PHM 系统如何开展商业案例研究的航空推荐实践标准已经发布(ARP4176 实现发动机健康管理系统的费效确定和 ARP6275 实现飞行器综合健康管理系统的费效确定)。

这些概念和研究本身并未得到公认,而由具有各种认知、期望等的人执行,并最终由具有不同影响的人组成的企业管理者认可。例如,企业愿景和经济考虑通常会比技术争论占优势。这一过程已被参考文献列出的其他文献称为是"易出错的决策"。在极少数情况下,系统由创新的企业家精神构思,并通常伴有独立的经费资助。

在今天的世界中,被监视的装备越来越多地由非实际运营商持有,通常是一个信贷公司,可附属于或不附属于原始设备制造商。大量的利益相关方牵扯进来,意味着系统的创造和使用动机正在发生变化,必须满足多个商业案例的需求。

此外,原始设备制造商(OEM)也越来越倾向于将监视系统的信息视为售后增值和控制的源泉,以及未来研制的重要工具。在某些情况下,公司会抵制引入系统,担心其被用于说明与法规条件的符合性。关于系统架构、功能和用法的决策更多情况下由限制而不是直接的经济效益决定。

在"租赁"运营模式下,监视系统用于依据出租方合约限制内的用法,以确定承租方需要支付的费用或确定资产的剩余价值。在汽车和运输行业中,很多使用监视装置的案例说明了如何与装备进行交互。

大公司通常要连续监视送货车以确定司机是如何驾乘的。在这样的车队中,监视信息由调度员使用以向驾驶员发送新的指令。美国的一家汽车保险公司就通过向客户安装监视装置记录驾驶员的驾驶模式以确定保险金额而闻名于世。

即使是对远比 IVHM 简单的系统,管理可见的信息都要去除当中的特征信息,以避免用于个人评价或事故查处、法规符合性检查。面对与现代 IVHM 系统相当的复杂监视系统,运营商也不愿意看到每次飞行都有其相关的统计量信息。但是,对于装备持有者,这些都是宝贵的信息,用于确保装备没有被滥用,不仅是出于安全性原因,也用于确保减少维护费用,且装备维持了其转售的价值。例如,起落架有硬着陆使用限制,其对持续适航和工作寿命有严重影响。起落架健康管理系统采集数据对于确保系统高费效使用非常有用,但是这种综合的数据采集特征会使得运营商提防工作产生的可识别数据。

在任意平台上实时处理所有可用数据往往是技术和经济上都不可实现的,但是综合所有这些数据以及其他工作和维护后勤程序产生的额外数据会得到相当的效益。这通常可由地面站完成,但这些数据的解译和使用也受人因的影响。

2.6 人与系统和周边使用环境的交互

除了已经提及的混合效应外，现代系统的功能几乎完全取决于软件。软件和系统规范由人进行编译，且事实上在全部可能的交互、组合和推论中是不可能做到100%正确的。同样，进行100%的测试也是不现实的，在任何一种情况下，只能简单地显示其符合原始规范，但是其本身也可能是有缺陷的，这往往会由人的错误衍生。要测试依赖飞机子系统失效或降级的IVHM系统尤其困难，开展故障植入下的失效测试代价过高以致无法实现。

软件代码由专业的程序员编写，其一般不熟悉系统试图解决的技术问题，往往不同的人对规范理解有所不同。

系统规范通常在被监视产品研制和测试之前完成编写。因此，其需要经历服役中的修改或升级，且很可能由编写原始代码之外的人承担。若规范基于更老的系统，则问题会更多，由于没有充分考虑系统之间的差异性，这会诱导设计者错误地感知安全性。

当前已日益形成共识，除了系统设计者的意图外，系统的最终使用也受到企业和用户的意图影响。运营商根据这类系统的建议信息采取对应的操作。还有一种情况，日益成为共识，但非常容易理解，即实践中根据维修建议推迟操作直到飞机到达备件、人力等可达的位置。

尽管这对于一个或多个操作是可完美接受的，但推迟多个操作的累计后果对于做出决策的人而言却不容易。在近期的国会听证会中，参会代表们被告知，调查至今强调只有10%指示出的故障出现时被记录下来，10%在机场维护可达时，80%在每天商业飞行结束时。

人脑不会注意几乎不失效或执行无异常的系统。多数飞机上的单个系统都有错误检测程序，可产生故障代码，其中的一些通信到其他系统，而另外的则存储在内部。作为结果，在人这一层级，一个失效可产生多个由非故障系统显示的代码，靠人自身几乎不可能隔离到实际的故障源。

即使是同样错误的起源点和后果也可能是不同的。例如，指示滑油压力低可能是由于缺滑油，也可能是传感器失效所致。

2.7 解决方案

总体上，世界已越来越关注人因的全局话题，但是显然需要对涉及各种形式的复杂交互系统。例如，IVHM 的专家进行培训。诸如同行评阅组的工作使得来自技术、商业、立法和运营部门的参与者可以在 SAE 国际内比其雇佣单位产生具有更高自由度的指南文件。这些工作组是解决方案不可或缺的部分。HM-1 技术委员会正在起草多份文档，面向更高等级系统提供关于系统要求的指南，以足够早地影响单个监视系统设计，减少误差混合。

尤其是，SAE 国际已经意识到由于航空系统认证过程中高度涉及法规，IVHM 技术实际上比其他部门（例如汽车）更先进，且正在积极确保这些部门获得的信息对 HM-1 可用。

长期以来已经形成共识，这类系统发送给飞行机组的显示指令应当是 100%无歧义的，且应当有同样清晰的处置指令。当前已有多部关于避免不正确机组响应（incorrect crew response，ICR）的成果出版。

类似的方法也必须扩展到维护等级的指令。故障征兆通常是模棱两可的。出于必要性，复杂系统只能配装有限的传感器，这意味着从系统失效到故障征兆之间是多到一的映射。征兆往往对应多个故障。鉴于此，在很多情况下，故障检测和隔离（fault detection and isolation，FDI）推理系统通常使用优化算法，向维护人员提供一份可能的故障清单，并给出故障的发生概率。这份清单可根据拆除和检查的便捷性进一步修改。这取决于人员对于这些信息的解译，做出合理的判断，以采取正确的维护操作。

当遇到模棱两可的数据时，不同的个体会采取不同的处置，这往往取决于经验和技能等因素，但是也依赖于时间约束、精神状态、白天时刻、环境状态等因素。很显然，在解译任意维护等级指令时，人因都是极为关键的，在设计这些系统时都需要明确地考虑。

对飞行器上所有当前未解决故障组合应当进行更高等级的分析和诊断，以指导什么维护能够推迟、什么不能推迟。若不这样做，采取措施隔离指示问题，会发现同时纠正一个或多个问题项仅具有经济上的意义。飞机退出服役进行维护的成本是相当高的。

由于数据共享和系统之间的高等级通信，若 IVHM 等级系统能够看到全部部件的系统故障代码并执行诊断程序，则排故效率可以得到巨大的提升。由于这项功能是在维护等级，可应用"灵巧的"技术而不需要增加显著的认证费用。

IVHM 是前进中的重要一步，但是其显然会通向其他的步骤，例如机群管理，甚至更加复杂的挑战，例如数据挖掘和大量的数据源。这在气象数据中一定程度上已经存在，且对于在火山灰条件下改进整个飞行过程是有价值的。显然，重要的知识产权问题和企业利益问题必须在这些步骤中得到妥善解决，但是最终分享数据对于整个行业的效益是不可否认的。HM-1 工作组正在起草一份关于火山灰的文档，当中会说明如何处理这些问题。

监管机构也可通过坚持对 IVHM 应用更加苛刻的认证标准，并在这些过程中考虑人因，以促进这一过程。以往，由于 IVHM 系统（主要在发动机和旋翼机部分）通常不涉及安全关键功能，监管者未发现任何强制性的需求以开发认证指南。但这种情形已发生了巨变，预期 SAE 国际等组织正在致力于开发可供管理机构采纳使用的认证指南。人因必然是这些指南中的重要组成部分。

参 考 文 献

AAIB. 1990. AAIB Report No: 4/1990, "Report on the accident to Boeing 737-400, G-OBME, near Kegworth, Leicestershire on 8 January 1989," http://www. aaib.gov.uk/publications/formal_reports/4_1990_g_obme.cfm.Accessed July 2014.

Alabama and Northwest Florida Flight Standards District Office. 2014. "Human Error in Maintenance," http://www.avhf. com/html/Library/FAA_PowerPoint_Files/ Human_error_in_maintenance.ppt, ccessed July 2014.

CAA Safety Regulation Group. 2002. CAP 719, "Fundamental Human Factors Concepts," http://www.caa.co.uk/docs/33/CAP719.PDF, Feb. 15, 2002, Accessed July 2014.

CAA. 2013. "Monitoring Matters, Guidance on the Development of Pilot Monitoring Skills," CAA Paper 2013/02, http://www.caa. co.uk/docs/33/9323-CAA-Monitoring%20Matters%202nd%20Edition%20April%202013. pdf, Accessed July 2014.

Cranfield University. 2014. "Diploma in Aviation Medicine: Human Performance," http://www.avhf.com/html/Library/FAA_PowerPoint_Files/Human_Performance.ppt, Accessed July 2014.

EASA. 2014. "European Human Factors Advisory Group (EHFAG)," http://www. easa.europa.eu/safety-and-research/europeanhuman-factors-advisory-group-EHFAG.php, Accessed July 2014.

EHFAG. 2012. "2012 European Strategy for Human Factors in Aviation," http://www.easa.europa.eu/safety-and-research/docs/ehfag/European_HF_Strategy.pdf, Accessed July 2014.

European Association for Aviation Psychology and Australian Aviation Psychology Association. 2014. "Aviation Psychology and Applied Human Factors," Hogrefe, http://www.hogrefe.com/periodicals/aviation-psychology-and-appliedhuman- factors/, Accessed July 2014.

FAA Human Factors Research and Engineering Group. 2014. https://www.hf.faa.gov/hfportalnew/index.aspx, Accessed July b2014.

Florida Institute of Technology. 2014. "Master of Science – Aviation Human Factors," http://www.fit.edu/programs/8229/, Accessed July 2014.

Graeber, C. 2014. "Human Factors," Aero magazine, Boeing Commercial Airplanes Group. http://www.boeing.com/commercial/aeromagazine/aero_08/human_textonly.html, Accessed July 2014.

Hunter, D. 2014. "Aviation Human Factors," PowerPoint Presentations, http://www.avhf.com/html/Library/FAA_PowerPoint.asp, Accessed July 2014.

ICAO. 1998. ICAO Document 9683_AN/950 Human Factors Training Manual. First Edition -1998.

ICAO. 2002. ICAO Document 9806_AN /763 Human Factors, Guidelines for Safety Audits Manual.

SAE International Aerospace Recommended Practice, "Determination of Costs and Benefits from Implementing an Engine Health Management System," SAE Standard ARP4176, Rev. February 2013.

SAE International Aerospace Recommended Practice, "Determination of Cost Benefits from Implementing an Integrated Vehicle Health Management System," SAE Standard ARP6275, Rev. July 2014.

Wise, J., V. Hopkin, and D. Garland. 2009. *Handbook of Aviation Human Factors, Second Edition (Human Factors in Transportation)*, Amazon, http://www. amazon.com/Handbook-Aviation-Factors-Edition-Transportation/dp/0805859063, Accessed July 2014.

第3章 信 任

查理·迪博斯达勒，优化系统与解决方案公司（OSyS）
戴维·韦伯斯特，利兹大学

本章将说明为什么信任对于 IVHM 或装备健康管理系统（equipment health management，EHM）这类信息系统的设计和运行成功是至关重要的考虑因素。本章还总结了一个不含信任管理特征的 EHM 信息系统失败案例，并接着说明了在一项针对已有 EHM 系统实现信任管理服务研究项目中的架构考虑和教训。

3.1 为何信任在 IVHM 中很重要？

通常，信息系统（诸如 IVHM）建造时与信任关联不大或不相关，这看起来是一个进退维谷的难题。这是不正常的，信息系统涉及的人因是信息系统不可或缺的部分，这是因为信息必须与一定的背景关联，且只能由人使用"理解能力"根据其知识进行综合。作为主要输出，IVHM 提供决策支持数据。这些数据都在 IVHM 领域中融入了背景信息并进行了封装，被关键的决策者使用，以确定飞行器是否需要执行维护或继续工作。关键的决策者会感知其操作的可能后果，这在我们好争论的社会中可能有很多且各种各样。IVHM 系统中的决策支持数据可采取通知（或告警）的形式，由系统检测到异常或潜在的失效，并可能伴随有后续操作的建议。人的决策支持并不完全是理性的，决策总会有从默认（或系统1）思想中衍生的偏好信息和偏差（Polanyi，1966；Tsoukas，2003；Kahneman，2011）。

第一个主要原因是，在西方文化中，由于文化和教训严格基于科学的方法之上，难以有理化和度量的问题往往被漠视和低估，因而，"实证主义者"的态度一直处于主导地位（Wikipedia，2013a）。在科学传统影响下成长起来的人，看起来更倾向于将信任的主观性方面（信任通常是非理性的）归于低优先级，在信息系统的设计建造和保障中并没有给予应有的重视。

IVHM 的原材料是数据，且数据的产物是支持决策的关键背景数据集。若使用这一输出的人对其不信任，即使输出是准确、完整、及时且相关的，不管不信任的主观基础如何，IVHM 的价值链是失败的。因此，要发挥 IVHM 系统最大价值，需要严谨地对待信任并领会主观性。本章介绍了一种可更加信赖 IVHM 的方法，并尝试说明人的主观性。

第二个主要原因是信任会随着重要性增长，这是市场压力作用的必然结果，在压力下，会使得 EHM 和 IVHM 成为计划维护不可或缺的部分。当前，EHM 主要是"仅提供建议"。从"仅提供建议"变更为 EHM 替换计划维护（本质上是提供"维护资质"）意义深远。与仅提供建议相比，这一变更会要求 IVHM 不得不需要取得更高的保证和信任性等级。本章将说明信任的方式如何帮助支持 IVHM 系统的设计、建造、测试和运行的可审计性和可追溯性，如何有助于满足更高保证等级要求，为 IVHM 实现提供维护资质铺设道路。

第三个改进信任的主要原因涉及溯源，来源于日益增长的对于数据质量溯源的识别。新兴的标准包括 ISO 8000，发展用于说明数据质量，列于"主数据管理"主要标题主题下，溯源有独立的章节。这一标准有助于得到更高的保证等级。

3.1.1 信任和质量的非理性方面演示

本节提供的案例用于说明数据品质（data quality，DQ）。数据品质通常以可测的指标衡量，例如准确率、合时性、完备性、相关性和与数据设计的一致性。顾客的质量定义是唯一需要关注的事。从顾客或消费者角度出发，公认的品质定义为"某种可由消费者或用户感知的且适用于用途的事物"。感知是主观的。若一个数据集是准确、及时、完备并与预期背景相关，但消费者不信任，则该数据集不管消费者感知是否正确，其是低质量的。信任可能是出于个人的情感或偏见，这种情感或偏见若过于强烈则会凌驾于质量可测指标的一致性之上。为得到高品质，非常必要说明信息系统所涉及人的感知和主观性的"软"指标。

3.1.2 EHM 系统失效的教训

在作者的经验中，之前的信息系统已经大量生产，且设计者和生产者没有关于信任重要性的知识。这导致由于下述原因，系统在交付后没有实现其用途。案例中使用的系统开发寿命周期是严格的、效果良好的且高品质的，伴随系统及时交付且不超成本。但是，涉及建造系统的群组没有先前交付信息服务的经验，且不认为有必要咨询任意有服务交付经验的利益相关方（咨询服务小组不认为能够产生有用的信息）。

系统产生的临近失效或异常通知是简明扼要的，不带有任何支撑背景信息。在支撑背景信息下进行的决策通常会令人满意且能增强信任，尽管这已被富有经验的EHM服务提供商熟知，但却没有得到系统设计者的公认。

用于异常或潜在失效分类的自动分析系统本质上是"黑箱"，且不允许决策制定者审计诊断或预测逻辑以及发出操作建议。若一个人对导出通知和建议的逻辑不能理解或形成概念，则很难让其信任诊断和决策支持建议。尽管这对于有经验的EHM服务提供商是常识，但系统开发者并不清楚这一要求。

可用于自动化诊断和预测的很多分析算法不是直观的，且决策制定者往往难以理解其内部的逻辑。例如，用于诊断分类的多层感知器（multi-level perceptron，MLP）神经网络，由于其逻辑对于人来说不直观，因而其不是EHM或IVHM最优选择对象。而人易懂的规则库则可能是更加可接受的备选方法。

更加复杂的是EHM系统不能根据要求进行远程调整，这会导致产生大比例的虚正通知和报警，从而使信任迅速瓦解。在航空领域，飞机系统的更改管理必须遵从受控的过程，且受制于原始设计同样的考虑因素。飞机系统的设计可能未对软件代码更改，且"根据要求"的更改可能只是更新构型文件。

系统设计者没有意识到IVHM系统通常配置为过分敏感，借以提高所有真实失效事件诊断的保证水平。尤其当系统初始设立且仅有少量关于失效如何出现的知识时更是如此。在多数情况下，自动诊断系统的自动调整通常对于系统环境中影响因素的轻微变化比较敏感。这会导致产生频繁调整系统的要求。折中的代价（降低系统的特异性）是在发布给维护或工作决策人员之前，按照紧迫程度和可能性，由人鉴别并接受较低数量可管控的虚正数。依据在多个行业领域超过15年、数千台关键装备批量EHM服务的经验，可接受的虚正数约为每10个通知1次，并接着由专家进行鉴别（在发送给决策制定者之前去除了大部分的虚正数）。若虚警率高，其会瓦解系统的信任。

一个额外的问题是 EHM 系统缺乏在实际工作环境中的测试。当系统部署后，在检测正常工作的其他飞机系统或没有被滤除的干扰时，系统就会触发报警。由于不能根据要求远程调整系统构型，系统的正式更改周期长、费用高，且往往无法挽救系统的声誉。典型的测试会增强信任。这也是支撑从 EHM 转向 IVHM 的重要方面，在 IVHM 中，设计和测试集成在飞行器或平台级。

决策支持建议（是告警或通知的完整部分）没有考虑谁在接收数据、谁在使用数据。这是一种典型的"以偏概全"、要不要都可以（同样要简练）的方法。没有认识到事实上使用告警的用户有不同的专业素养、角色、期望、感知、使用模式和工作背景，所有这些都影响要求的用户接口风格。系统开发商精通建造安全关键硬件系统的软件，但他们没有认识到易用性或用户体验也是决策支持系统不可缺少的重要方面。

3.2 什么是 IVHM 背景下的信任？

就其工作过程而言，涉及的 IVHM 决策支持包括多个步骤。这些决策可以是自动化的（由机器做决策），但是今天更普遍的仍是由人员制定决策。这些决策步骤包括：

（1）做出诊断，因检测到的故障状态，被监视系统状态判断为"部分失效"。向运营商和维护人员发布的通知可能是建立在不确定数据的基础上。

（2）通知派遣给规划机械停机的操作员，最小化对生产或调度的影响，接着执行补救维护操作并最小化后勤费用——通知必须与执行的"操作"对齐。

（3）从运行中召回飞行器的决策中可能涉及两个操作员：运营商操作员决定是否中断运行召回装备；维护人员在综合考虑资源可用率和后勤影响后，决定采取什么样的必要纠正操作修复失效，将机械返回工作。

上述最后两个操作员的需求之间会出现紧张的情况，包括产能和维护运行的利用，以及是否有足够的可用资源进行高效、及时的恢复，或者从操作员角度看是在任意的一个时刻还是在运行的不同时刻召回飞行器更有利。生产（或调度）由需求量牵引，当需求量在低谷时，飞行器的排产会有低利用区间，此时召回飞行器进行维护是更可取的。若飞行器部署在远程位置，备件或资源不可用，无法高效地恢复飞行器返回服役，则会产生额外成本。

在 EHM 或 IVHM 背景中，这些决策的固有价值非常高，若非如此，仅应用预防性技术不会产出任何价值，IVHM 系统无法得到成功的商业案例（为 IVHM 系统的任意利益相关方）。换句话说，除非决策制定涉及的报警操作有很高的固有价值，否则 IVHM 不值得投入。决策的价值越高，决策支持建议（数据）的信任就越重要。

若决策不按照诊断操作，则利益相关方要承受已检测到失效后果的风险，机器可能继续降级到功能失效点。这需要与召回机器导致的生产终止或损失、维护费用成本，以及错误报警、根本没有失效等进行衡量。当 IVHM 服务由原始设备制造商依据其产品提供服务时情况会更加复杂。在这种情况下，与独立的 IVHM 服务提供商相比，利益相关方的网络、风险和回报都有所不同。

3.2.1 增强操作能力

IVHM 系统架构和设计必须引入 IVHM 系统最复杂部分——人的需求分析。但这通常会被低估或被认为远没有 IVHM 系统其他部分，例如传感器、诊断和预测算法重要。一条重要的教训是信任 IVHM 系统，增强可用性和用户体验。

3.3 STRAPP 项目

通过及时可靠的个性化溯源的授信数字空间项目（trusted digital spaces through timely reliable and personalized provenance，STRAPP）开发用于实现终端用户对决策支持系统（如 IVHM）取得更大的信任。2011 年，STRAPP 项目由英国技术战略委员会（资助参考号：1926-19253）、罗·罗、O-Sys、Cybula、英国工程和物理科学研究理事会知识借调计划等联合资助。STRAPP 通过实现从对象系统数据库提取并提供个性化的溯源数据，帮助改进已有的决策支持系统。Cybula 将其应用于生物医学领域，支持对大脑损伤索引（brain injury index，BII）的信任，这有助于高级临床医生通过数据诊断和表征大脑损伤的特点。本节主要讨论 STRAPP 如何应用于罗·罗公司的 EHM 系统（由 O-Sys 建造和运行）。

3.3.1 信任假设

STRAPP 在 IVHM 系统中采用的提高信任的方法建立在前人工作的基础上，例如 Tsai 等（2007）和 Martin （2008），建立一个完整的溯源链支持数据从源头到目的地的可信性。STRAPP 项目致力于从三种方法解决信任问题：

（1）提供数据溯源，使得决策支持建议的源头和变换透明，逻辑更易被理解，所有构型项（构成变换的工作流）都是授权的实体。

（2）与数据溯源链每个环节相关的风险视图。风险与信任没有一致的关系。在特定的情况下，风险与信任成正比（例如，若有风险，则信任度很低；若没有风险，则信任度很高）。在另外的情况下，这种关系可能是反比关系（例如，尽管有风险，但信任度很高；或即使风险很低，信任度也很高）。对于 IVHM 系统中的某些参与者而言，能够审视风险的决策需要精心考虑。

（3）向用户发送个性化信息，将信息表达与用户理解能力匹配，并在使用信息的同时考虑其在信息系统中的作用和背景，使得信息可操作。若考虑 IVHM 系统不只用于一架飞机或一个型号，且会有不同经验、遵循类似但不同过程的各种工作和维护决策者，个性化是必要的。

3.3.2 架构教训

为增强服务导向型计算环境下决策支持系统数据输出的信任度，STRAPP 在数据的整个寿命周期都采集其溯源信息。在 STRAPP 项目早期，开发了一套中期低保真度演示系统，用于支撑在系统开发中对采取的架构方式进行评估。本节提供了演示系统开发中得到的教训以及如何将其应用于项目开发的最终系统中。

3.3.2.1 已有的 EHM 系统

最终的 STRAPP 项目演示系统使用了由罗·罗设计、O-Sys 建造的 EHM 系统。这一系统也用于将 EHM 服务提供给多个不同市场领域的很多外部用户，支持的装备 60%为航空装备。EHM 系统设计接收数据，并由单独的模块对数据进行解析和变换，接着通过数据处理功能块内包含的一系列分析算法对数据进行处理。输出数据接着输送到数据仓库,建立商务逻辑和可视化。数据传递模块通过免除数据仓库中持久数据的责任(反之会不可接受地使系统变慢),辅助增加处理引擎的性能。系统也按照分层的企业化架构模式建造,将输出数据、逻辑、处理和表达等分离开。图 3-1 所示的是系统主要组成部分的高等级分解图。已有 EHM 系统的关键方面是具有将一系列分析模块编排组合起来的构型能力,这些模块包括在任意背景或环境中,对于重要失效模式集的任意失效模式,从可控的库到解决任意机械的 EHM 诊断或预测问题。图 3-2 分解了一个可在图 3-1 所示数据处理模块内运行的典型分析编排。

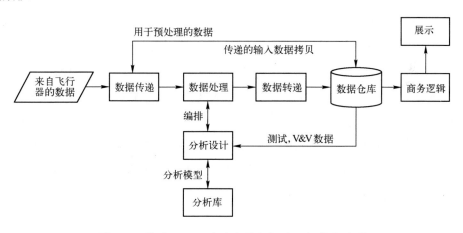

图 3-1 典型 IVHM 系统主要数据处理组成方块图

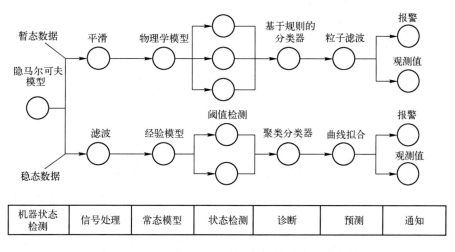

图 3-2 EHM 或 IVHM 系统分析模型的一种编排

图 3-2 中的分析编排绘制为一个带有节点和边的有向图。每个节点（图中的圆圈）表示一个独立的分析模型，提供失效和降级分析中的一个功能。模型可按组分类并可从库中选择。图中的边表示模型之间的功能依赖关系、信息流或每个分析模型的输入输出数据参数。

这种分析编排及其可视化提供透明的、直观的逻辑排列，输出诊断和预测结果，解决了信任的要求问题，图表提供了可被 IVHM 或 EHM 用户轻松理解和消化的特性。这种逻辑的直观表达符合个性化的原则（增强了信任度），本章后面将进一步解释。

为增强 EHM 系统的信任度，必须能够根据需要在现在或历史中任意时刻，动态获取分析编排的溯源和风险属性。

3.3.2.2 EHM 设计和架构

作者在 STRAPP 项目中强调了企业级 EHM 处理系统和其附属服务设计中暴露的系统工程教训。针对系统规范开发，系统工程支持采用功能方法进行要求管理和功能分解，但通常不用于企业级系统架构和对象导向设计的最佳实践。功能分解倾向于产出弱内聚和紧耦合（McConnell，2004）的模块化软件成果，通常难以维护和扩展。面向对象范式（Shalloway 和 Trott，2004；Fowler，2003）则使用了不同的视角：

（1）概念视角，问："我对什么负责？"

（2）规范视角，问："我如何使用（通过接口）？"

（3）实现中的第三视角，问："（我的代码）如何履行职责？"

在概念等级，对象是一系列职责。职责驱动了面向对象软件设计中的设计，而不是功能分解。

教训是系统工程不能覆盖企业级、面向对象的 IVHM 系统软件概念化、架构化、规范化和建造所需的所有学科和方式。在软件工程中应用"敏捷性"是背离系统工程的，比较有名的方法诸如缩比敏捷性框架（scaled agile framework，SAFe）（Leffingwell，2014）。SAFe 敏捷性过程强调了快速建造应用中最关键部分的重要性，而很少强调前端的要求管理和设计。并非要忽视要求和设计，而是伴随软件研发需要进行精心管理。这与系统工程方法在要求和设计上花费更多时间是不同的（术语称为"左手加载"项目）。如何解决系统开发方法的二分法是当前很大程度上尚未识别出来的问题，更不用说解决了。

3.3.2.3 STRAPP 系统无关性

STRAPP 架构设计不只是作为集成溯源获取、风险评估和个性化系统的方法,而且要能够作为网页服务支撑与已有 EHM 系统的松散耦合。STRAPP 的初始版本直接与目标 EHM 系统的数据库平台(例如微软的 SQL 服务器或 MySQL 服务器)进行交互。这种方法的主要限制是目标 EHM 系统(图 3-2 所示的分析编排模块是如何构型)的领域知识需在 STRAPP 系统直接编码以执行数据库查询。尽管这种方法能支持两个系统之间的交互,但需进行低复杂度的构型设置。这种权衡意味着 STRAPP 系统对目标 EHM 系统数据库的更改极为敏感,对应要求更改 STRAPP 系统。因此会产生一个紧耦合系统和令人不满意的架构。

教训是支持不同的异构 EHM 或 IVHM 系统,并确保其随时间进化,STRAPP 对于目标 IVHM 系统领域应当是无关的。使用基于本体论的推理机可为这个问题提供一个解决方案。为使得 STRAPP 与 IVHM 模型无关,开发了一种基于 PRO-V 标准(Groth 和 Moreau,2013)的抽象领域建模语言,如图 3-3 所示。PRO-V 模型使得 EHM 或 IVHM 领域专家能够将 EHM/IVHM 工作流表征为基于模型的形式。理想情况下,这一领域模型应当依据背景作为设计(构型化)IVHM 分析编排的副产物建立起来(分析编排的案例构型可与图 3-2 类似)。

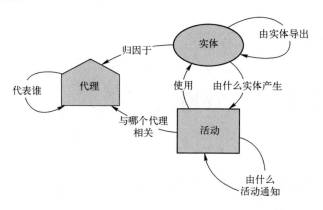

图 3-3　PRO-V 模型

将"代理"赋予执行代表活动过程的参与者,允许根据 PRO-V 实体链和活动捕获工作流。在图 3-7 中可见到 PRO-V 溯源链的案例。由于数据和消息能够抽象为 PRO-V 实体,过程描述可抽象为 PRO-V 活动,且软件自身能够抽象为 PRO-V 代理，因此，这种活动非常适合传统的网页服务工作流建模。涉及鉴别分类或诊断的参与者也能表示为 PRO-V 代理。

为使得 STRAPP 能够与 EHM 数据库进行交互，在 STRAPP 架构中引入了网页服务代理，使得允许从数据库销售商的实现细节中抽取出关系型数据模型。为搭建 PRO-V 领域模型工作流和数据模型之间的桥梁，采用映射机制与 PRO-V 工作流领域模型组合使用。这种映射机制允许领域专家用从数据库获取的记录名对 PRO-V 进行注释并支撑运行时间 PRO-V 溯源链模型。通过组合领域和映射模型，STRAPP 系统能够成功与 IVHM 系统的数据库进行集成，且不需要修改 STRAPP 服务软件就能够更新其领域模型。最终 STRAPP 信任服务的主要功能模块及其客户端 IVHM 系统如图 3-4 所示。

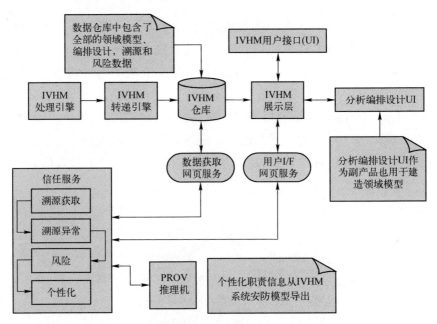

图 3-4　STRAPP 信任服务的主要功能模块及其客户端 IVHM 系统

3.3.2.4　STRAPP 信任服务中的风险处置

风险处置是信任服务的一部分，其模型如图 3-5 所示。

在风险服务中，风险由所有可被感知的风险决定，并通过服务自动计算得到而不需要人工干预。通过对 EHM 系统进行分析确定系统中全部实体对象的风险、易损性和暴露。接着确定用某些方法计算出其影响和概率，并据此给出严重度矩阵。接着，分析缓解风险的已有手段并确定残差风险及其是否可被接受。假设一定比例的风险缓解可部分避免已有的风险。其余的残差风险缓解则以应急或备用方案的形式给出。因此，需要预备并长期保留一个缓解方案，直到这一风险实际发生，方案得到了调用。这种方法要求主动监视风险的发生。

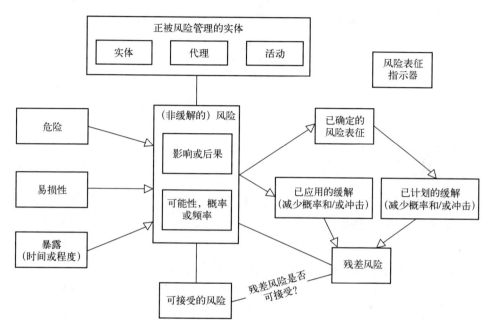

图 3-5　STRAPP 信任服务中封装的风险管理系统

随着飞行器使用的增长，风险计算中模型的常态化"风险"可能会失调，其正常行为包络会发生变化。风险计算器会向下游查看特征检测器的近期触发率，结合残差信号偏离 0 的增长变化情况，告知 EHM 系统的操作员近期历史中的增长情况，甚至可能会发起调查以判断是否需要对经验模型进行重新训练。

在 O-Sys EHM 系统中，通过重用库中的分析方法集计算风险。风险计算仅建立了查找内部系统风险和问题的新编排。这种重用保持了分析方法的共用性，并充分利用了分析方法库的模块化构型优势。风险服务的范围也计算风险沿着溯源链的累积以确定决策支持服务中固有的总风险，如图 3-6 所示。

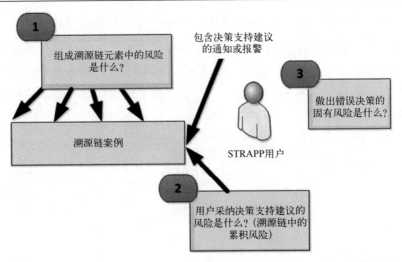

图 3-6 以 PRO-V 模型格式展示溯源链的信任使能 IVHM 系统风险范围

若确定了与人工代理相关的风险，则会存在一个高灵敏度区域。这些风险通常有两种形式：第一种是人工代理的历史表现情况（提级报警的决策是对还是错？）；第二种是其专业能力水平（由其发挥作用的活跃时间衡量——假设专家需要花费时间和实践经历来形成专业知识——而不是书本的培训）。人工代理风险的暴露是对工作者的威胁，必须充分利用其知识，并作为培训的辅助手段。在这一方面，IVHM 信任服务必须遵从 FOQA 过程案例（维基百科，2013b）。由于风险与信任的相关性（可能同时是正比例或反比例），必须使用大灵敏度和决断，确定风险是否会暴露给服务的外部用户，这是因为这种暴露会降低信任。

风险服务提供了：

（1）一种 IVHM 系统监视其自身健康状况的手段：在 IVHM 系统中，最佳实践将监视系统纳入被监视边界内。

（2）一种衡量数据品质的硬属性：可用于任意数据集合，不单是 IVHM 相关的集合。

（3）支持对整个溯源链进行风险审查以确定存在的最大风险区域，支撑靶向型持续改进工作，产出最大的投资回报：作者曾经经历了一种关注改进分析方法的流行做法（因为这有趣且令人振奋），以补偿低数据品质问题，通过简便高效的修复，就可以使得数据品质与数据源尽可能一致。

另外一种增强信任的强有力方法是与修理和大修（R&O）厂观测的飞行实际状态进行对比，主动评测 IVHM 预报的准确率。当然，这也假设修理和大修供应商愿意分享这些数据。

3.3.2.5 STRAPP 信任服务中的个性化处置

个性化的目的是将情景化的数据以一种形式进行分发,使得数据用户在履行岗位职责时能够理解、消化并生成考虑其个性偏好的有用信息。个性化适用于整个 IVHM 系统,而不仅是信任服务表征溯源和风险的方式。从作者的经验看,用户接口(user interface, UI)和表征设计聚焦于信息系统的输出。UI 用于对系统进行配置或保障,通常不会被赋予高优先级,而提供系统保障的工具经常会被彻底忽视。这些疏漏会大大增加 IVHM 系统的全寿命周期运行成本,且若用户利益相关方不采用系统,这些也很可能是系统失败的主要贡献因素。

表 3-1 是作者根据自己的经验,试图给出的不同类型用户的个性化需求。对于全时段或高频率使用 IVHM 的技术人员,其用户接口风格,必须在详细的、数据导向屏幕更新方面有非常高的性能。对于 IVHM 工程师等专家用户,会涉及对编排进行设计和测试,若采用基于任务导向的 UI 会很容易让人恼火。工程师需要能够以批处理模式工作,并有基于模板、可重用的 UI。用户不应在访问数据(访问数据必须无缝衔接)时浪费时间,且不必关注数据存储在哪或以什么格式存储。

表 3-1 应用用户接口个性化高等级需求

使用模式/用户角色	交互类型	详细等级	使用类型	在系统中的地位
系统支持(例如,数据库管理员)	使用命令行或脚本语言——与操作系统和数据库交互	系统的内部工作方式和效率;可能使用溯源帮助调试系统	频繁——维护/监视,并对问题做出响应	最高——能够迅速破坏系统;对系统保障感兴趣
工程师	参数化用户(UI 和菜单选项)——能够使用脚本(专家系统用户)	IVHM 的正确性——需要深入掌握细节——对于风险和溯源非常感兴趣	频繁的重度使用者;需要专业化屏幕和丰富的构型能力	高——有专家领域知识能够理解背后的过程和数据的意义
技师	参数化用户(UI 和菜单选项)(快速审查数据)	数据和细节导向;有有限的溯源和风险检查	可能全时段;关注屏幕刷新速度——对于完成任务感兴趣	中——但需要有限审查细节数据
审计员	参数化用户(UI 和菜单选项)	与过程的详细符合性——溯源检查	偶尔,可能 6 个月正式审计,对系统符合性重新认证	低——仅对核对溯源检查与过程的符合性感兴趣
用户技术	参数化用户(UI 和菜单选项)	与过程的详细符合性——溯源检查、可检查风险	频繁——但可能有例外(使用可能链接到信任等级)	有限——需要理解 IVHM 输出对运行和维护的影响

(续)

使用模式/用户角色	交互类型	详细等级	使用类型	在系统中的地位
管理	参数化用户（UI和菜单选项）——需要有快速的态势感知	想看到状态和价值的高等级汇总；可能对溯源不感兴趣	不频繁——点对点模式（不想学习系统——需要相当便捷的导航菜单）	低——仅检查少数汇总屏幕以得到态势感知——对价值感兴趣

3.4 溯源链看起来是什么样？

图 3-2 所示的是使用 EHM 分析方法子集演示的溯源链。图中所示的是溯源链的开始处，其中一个报警由 IVHM 工程师授权并同意向操作者和维护人员发布。IVHM 技师在看到借助预测分析方法得到的结果后发送给工程师，由其根据这一观测情况逐级上报这一报警。图中所示的是"同意"实体，其提供了谁授权向需要制定维护决策的代理人发布或扩大通知的记录。这两个代理人也应有经验且经过培训。培训也可能是某种形式的"同意"（可与图中所示的不同）。另外，代理人必须持有经过正式考试获得的资质。全部资质和考试结果必须经过溯源审核。

图 3-7 所示的是发布一个通知的溯源链。图 3-8 所示的是在分析架构内部署分析模型的溯源。这一图表缺少的是有两级构型管理（IVHM 系统中受版本控制的对象），即架构自身和单个部署的分析方法，二者是架构的组成部分。

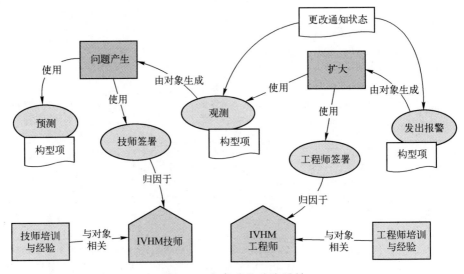

图 3-7 发布通知的溯源链

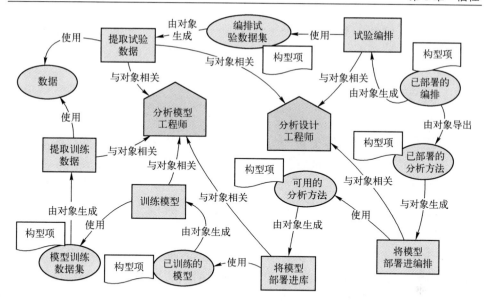

图 3-8　部署到分析编排模型的溯源链

图 3-8 使用了图 3-3 中的惯例做法。边线上的标签采用了三个字母缩写，其全称可参见图 3-3。溯源链的起点是部署的架构，即带有 WDF（由什么导出）标签的边线，可见图 3-3。每个实体都是 IVHM 系统中的构型项（CI）；每个 CI 必须进行版本控制和对应的更改管理过程。图 3-8 中的代理是代理人，其承担在设计和部署分析模型或架构中对更改管理过程进行检验的职能。代理人不必有版本号，但是在系统中必须有状态，其承担任务，且有相应资质或某个头衔使其能够有能力或授权对 IVHM 系统中的过程进行更改或检验。这些代理人信息的组成部分也是包含在任何溯源审查的备选项。

图 3-8 可复制用于记为圆圈（PRO-V 实体）的任意模型——在图 3-2 中，其经过经验培训或使用试验数据进行确认和验证（verification and validation，V&V）。在 IVHM 系统中可能有成千上万的分析架构，覆盖了市面上的很多种飞行器。

这引出了另一个重要问题和研究溯源中得到的教训——STRAPP 团队称其为"诺亚方舟综合征"。我们觉得溯源的理论研究程度没有止境——可以是学究式的，并跟踪任意溯源回到诺亚方舟。接着，溯源会变得晦涩、难以高效使用。此外，这一实际问题也突出了在 PROV 模型中没有终止对象，即 STRAPP 服务没有什么应当自我限制的。起源回溯到多远才会有用？答案在于如何答复"IVHM 系统中的单个任务要求溯源什么,才能更好地履行职能并增强系统中的信任。

3.5 本章小结

信任在诸如 IVHM 等提供高价值决策支持的服务中是不可或缺的重要考虑因素。在信息系统中,信任的缺位会导致系统执行预定功能失效。

STRAPP 项目表明,透明、可被理解的溯源,演示分析模块链或构型如何在 IVHM 报警(也推荐操作)中导出 IVHM 诊断和预测结果,能够帮助人们相信报警并做出正确的决策。

基于溯源的信任系统实现也带来了进一步的收益,系统可被审计、可被追溯。这有助于为向 IVHM 扩展和替换传统的预防性维护,并最终作为安全性保证的一部分,提供必需的更高保证等级。

STRAPP 项目也运用了生物医学领域的信任特性,已表明溯源能够提高门诊诊断人员对代表性脑损伤数据的信任。

作为一项新出现(非预期)的成果,STRAPP 项目也已促进了企业级架构的深度思考和学习,使其能够适用于具有更大数据体量的成千上万架飞行器。企业级架构和这一敏捷动向给系统工程规则带来了一些挑战(不会使其冗余)。要调和这两种方式仍有相当的工作要做。

参 考 文 献

Fowler, M. 2003. *UML Distilled: A Brief Guide to Standard Object Modeling Language, Third Edition*, ISBN 0321193687. Addison-Wesley: Boston, MA.

Groth, P., and L. Moreau, eds. 2013. "PROVOverview." W3C Working Group Note, http://www.w3.org/TR/2013/NOTE-provoverview-20130430/, Accessed December 12,2013.

Kahneman, D. 2011. *Thinking, Fast and Slow*, ISBN 978-0-141-91892-1. Penguin Group: London, England.

Leffingwell, D. 2014. "Scaled Agile Framework," http://scaledagileframework.com/, Accessed December 12, 2013.

Martin, A. 2008. *The Ten Page Introduction to Trusted Computing*. Oxford University Computing Laboratory: Oxford.

McConnell, S. 2004. *Code Complete: A Practical Handbook of Software Construction. Second Edition*, ISBN-10: 0735619670; ISBN-13: 9780735619678. Microsoft Press: Redmond, WA, USA.

Polanyi, M. 1966. "The Tacit Dimension." First published Doubleday & Co, 1966. Reprinted Peter Smith, Gloucester, Mass, 1983. Chapter 1: "Tacit Knowing."

Shalloway, A., and R. Trott. 2004. *Design Patterns Explained: A New Perspective on Object-Oriented Design (2nd Edition) (Software Patterns Series)*, ISBN 0321247140. Addison-Wesley Professional.

Tsai, W.-T. et al. 2007. "A new SOA dataprovenance framework," in *ISADS'07: Proceedings of the Eighth International Symposium on Autonomous Decentralized Systems*. IEEE Computer Society: Sedona, Arizona, USA.

Tsoukas, H. 2003. "Do we really understand tacit knowledge?" in *The Blackwell Handbook of Organizational Learning and Knowledge Management*. Easterby-Smith and Lyles (eds), 411–427. Cambridge, MA: Blackwell Publishing USA.

Wikipedia. 2013a. "Positivism," http://en.wikipedia.org/wiki/Positivism, Accessed December 12, 2013.

Wikipedia. 2013b. "Flight operations quality assurance," http://en.wikipedia.org/wiki/Flight_operations_quality_assurance, Accessed January 5, 2014.

第 4 章 维护飞机、火车、清洁能源和身体健康：23 条惨痛教训

米歇尔·J. 普罗沃斯特，智能能源有限公司

4.1 引言

从 20 世纪 80 年代起（甚至更早，若从我在罗·罗民用发动机的气动热力仿真开始算的话），我参与了多个加强装备管理的新工程和商业方法论的缔造和发展。

我的装备管理经验从罗·罗德比的性能办公室开始，那时我正做一些将卡尔曼滤波扩展应用于航空发动机模块性能和传感器偏差分析的早期工作。这项工作受罗·罗的 COMPASS 状态监视系统启发，将卡尔曼滤波应用到时间序列分析。在我受聘于数据系统和解决方案部门期间（即现在的控制和数据服务公司，由罗·罗 100%所有），我开始参与铁路装备管理的工程和商业工作。运输同样是在德比，我领导研发了铁路数据可视化和分析能力，构成了庞巴迪 ORBITA^{TM} 铁路装备管理系统。接着，我转战到拉夫堡的智能能源，在这我正领衔一个研制质子交换膜燃料电池装备管理能力的团队，用于分布式能源、汽车和消费者电子产品，并支撑公司的研发成果。在空闲时间，我也应用我发明的多种分析和可视化技术管理我自己的健康，我成功地将体重和血压降至受控范围内，并提升了我的健康状况。此外，通过同样方式监视我的小便状况，我也拯救了自己的生命。

在这一领域，近 20 年，我参与了多个能源设施和航空公司研讨会和会议，并开展了大量学术研究。

这种丰富的阅历使我在装备管理理论和实践中形成了宽阔、独一无二的视野，总结了一系列装备管理成功和失败的教训。

我想强调一下，这些教训是特意以非正式形式写作的个人看法，并决定去掉公司和个人的名字，从而避免相关的个人或公司尴尬。在参考文献中，我引用了一些相关的公开文献资料。

4.2 教训

1) 重要的是装备要干什么而不是它是什么

火车、公交车、飞机和卡车驾驶员非常想要运送乘客和货物的能力，而不是飞机或车辆。公众非常想要清洁和高效的电力，而不是涡轮机械、锅炉等。电气设备的制造商非常想要放置到线路板上的元器件，而不是将元器件放置到线路板上的机器。灌装厂非常想要可填充的瓶子，而不是灌瓶机器。航空公司非常想要推力，而不是喷气发动机。文献中到处充斥着从用户想要装备自身（谈判压低价格以减少资本消耗）到想要装备能力（更愿意支付一种可预测的、能降低风险且可更容易转嫁给终端客户的运行费用）巨大变化的案例。提供一种装备的管理能力并确保在承制装备寿命期内持续高效传递给你的客户，这是一项非常划算、稳固且永恒的商务建议，且你需要在竞争对手或其他三方机构这样做之前充分展现出来。

2) 装备管理是一项业务问题

这不仅是另一个 IT 问题，这会影响你业务的整个结构，以及你关于用户或相关的思考方式。对业务的每个方面，包括战略开发管理、合作伙伴、并购和采办、项目、市场营销、工程、IT、沟通、资源规划、构型管理、后勤、培训、现场保障，以及用户付款等，都会有显著的影响。

3) 没有高层管理者的支持，装备管理无路可走

装备管理对业务更改要求巨大，以至于没有最高层级管理者的全力支撑，装备管理永远不会启航，更不用说成功了。既定的利益、新的和扩张的心态、接受意愿，机构已有权利结构的变化，普遍的企业惯性等只可能被顶层的领导层扭转。

4) 对装备要熟知于心

对装备理解深刻，掌握业务背景和装备的工作环境条件、失效模式、频次和影响，以及他们需要如何维护，这些远比 IT、数据库和分析方法的知识更重要。这些知识可在承制装备的设计、研制和生产阶段得到，将其出售可为你的业务，以及装备的整个寿命期内不时地创造价值，而不仅仅在制造期

间一次性使用。

5）装备管理需要在开始时就引入，而不是作为一种附加的技术在后来才引入

不要让低首次费用的需求毁掉了产生全寿命更大价值的需求。需要解决低首次费用生产需求量和高产品、备件销售规模，装备管理的数据采集硬件需求和产品及备件供应更加精细地调整之间的冲突，以向客户提供最佳解决方案。很多生产密集型组织都将装备管理视为一种对新产品和备件销售的威胁，很多装备管理提案由于可能导致备件（甚至是新产品）收入损失而被扼杀在摇篮中。需要建立装备管理反哺产品业务的长期回报机制，为装备管理的未来价值流提供入场券。传感器改型、机构重塑是一项昂贵且费时的过程。

6）打破陈规，解放思想，想用户所需，为用户盈利，更好地服务市场

装备管理的效益未必在你首先想到的地方。将所有的测量和分析汇聚成"真相源"，能够节约很多成本并协同产生很多意想不到的价值回报。一旦测量到位，能够轻松去除不必要的重复，并可以看到单个装备和整个装备机群的全貌，执行超出初始监视装备健康和运行目标外的分析工作，并回答用户真正关切的业务问题。

7）有分享才有回报

合作伙伴之间产生双赢的态势才能确保成功。最终用户拥有其自身运行装备性能的全面知识，但却不掌握其他用户同样装备的信息。装备所有方通常对装备从生到死的性能了若指掌，但却缺乏装备的技术和运行技能。子系统供应商对其生产部件的性能有全面的知识，但通常不清楚其具体的运行场景。IT和通信服务商熟练掌握专业领域内的最新进展，但缺乏装备的技术和运行经验。装备制造商和系统集成商能够获取装备设计、建模、分析工具和数据，并有将全部供应商团结在一起的能力，但只有其为参与的所有协作部门提供手段支持，为用户提供装备管理服务才能获得成功。

8）绝不忽视组织内各等级不得不做的说服工作，以及有抵触新鲜事物的"大咖"

没有人会因为重复昨天熟悉的工作而被开除，但却有大量的人因为偏离现状而失业。在装备管理提案中，若人员独门的"核心知识"和工作方法（这会使其成为关键核心人物，为其提高影响力和收入）被其他人轻松获取到，则从上层管理者到底层管理者都会有被炒鱿鱼的担忧。这些人会因此全力抵制装备管理，并搜集其能找到的内部政策进行反击。若装备管理者需要根据

装备管理信息进行决策，但却不相信它，则显然浪费了所有人的时间和金钱。

9）提防只索要数据或将数据与信息弄混淆的人

很多人不知道要怎么处理数据。与其讨论可识别的计量并聚焦信息的要求而非数据，可以帮助他们理清真正需要的东西，这种方式会快速提升成功概率。人们通常不会在空白纸上向你解释其所需要的东西，但是如果你能向其举例说明能做什么，则其会更加愿意提供建设性的反馈。

10）装备管理是一个从传感器到业务操作的链条

数据采集的过程从装备安装的传感器开始，采集数据并传输到中央位置，数据存储，数据可视化，数据分析，问题诊断，接着汇集正确的资源（信息，工具、备件和有资质的人员）。在正确的时间、正确的位置采取所需的操作以保持用户满意，这是一个非常复杂、脆弱的链条，若链条中的任意环节（不管多么细小）断裂，则整个过程都会轰然坍塌。

11）数据和业务绝不本末倒置

很多装备管理计划开始时规定了装备记录的数据，而没有同时考虑如何处理数据。这通常会造成记录错误数据、数据传输时机和频率错误、采集真正所需数据的机会丢失等。相反，人们期望能够全时测量所有信息，坚信可以把传输带宽做的无限大，在 IT 上也不需要花费费用，且总会解决数据处理问题。这通常会导致数据容量过大，以至于真正的信号埋没其中。业务需求驱动分析要求，反之，分析要求也带动了数据采集发展（传感器和数据采集、传输频率）。也许你有条件能够测量所有信息，但实际上往往仅需要测量能创造价值的信息。

12）保持简约

装备管理文献充斥了大量分析方法，晦涩难懂，缺乏明显的工程相关性，看起来似乎更像是证明作者的聪慧和学术能力，而非让人愉悦。任何分析的最终结果都需要实践经验丰富而非理论造诣高的人采取措施。当部件过热时，示温漆技术可让部件产生温度变化，这种方法相比更加复杂的数据采集、传输和远程分析方法更加简单、高效且易懂，也更容易被工人接受。若不能被人理解或充分信任，再巧妙的分析或可视化都是徒劳的。

13）基于物理的装备模型是强大的业务和技术工具

基于物理的装备模型是完全理解装备和业务动力学的基础。该模型可促进业务功能内外相关机构的沟通，并提供装备、项目和业务性能稳定可追溯的预测和基线。也可以给出不同环境和工作场景下装备行为的快速评估，是在外场对装备性能进行快速、稳定和准确评估的基础。基于物理的装备模型支持应用很多高级分析技术，使得可优化装备的技术和业务性能，显著改善装备研制和在役保障的费用、速度、效率和效益。

14）建立装备的残差模型

在所有可能情况下，将装备的测量值与基线进行比较。理想情况下，基线考虑了已记录值的所有已知外部驱动器（例如，载荷变化、环境状态变化和其他量化影响）。

与测量值相比，总会存在一个基线模型（从经验模型到完全基于物理的装备模型），要做的是发现这个模型并将其显式化，这样每个人都能轻松辨别出装备的好和坏。与原始测量相比，残差（测量值与基线之间的偏差）更易懂、更容易分析，分析效果可提高一个数量级，并显著提升装备健康和运行评估的时效性和有效性。

15）面向受众量身定制的良好测量或分析可视化会脱颖而出

时间序列、XY 图、条状图和柱状图，点图等总是有用的，而诸如映射、统计显示、报告和系统概要等则更适合专用于机构内或面向客户时。通过可视化进行说服和激励，大家通常都不知道自己想看什么，怎么与数据进行交互，但如能举例向其说明能做什么，则往往能得到积极的反馈。

16）恰当的分析远比数据的"大"更重要

大数据风靡一时，评论家和 IT 顾问们见证了海量非结构化数据库时代的到来，对于大多数装备管理问题来说，货架分析方法、廉价的云存储和处理是万能药。尽管这些方法在零售、社会科学和金融资产管理等"软"领域表现良好，但在物理装备性能和运行方面的确有更加合适的工具和思维过程。使用巧分析能够反算为何好的装备物理模型给出了虚假感知，并由此混淆失效信号和工作变化噪声。黑箱分析能够轻松对数据进行过拟合（其分析对新数据可能是无效的），或者找到大数据中毫无意义的错误模式或关联关系。装备管理必须基于坚实的技术和业务逻辑；转包给最新 IT 骗局的想法只会快速导致你身败名裂、损失惨重。

17）成本并非价值：让削减成本的人牢记于心

很多人会将部件的成本与其对用户运行的影响混淆，很多项技术实现容易、价格低廉，或者常常让人厌烦，在其损坏前被完全忽视，其损坏后会对装备运行造成严重后果。例如，价值 1 美元的部件出错会导致 100 万美元的损失，则应对其进行精心监视和维护。很多装备管理项目的成功都归功于在装备目录中高度重视这些令人厌烦却至关重要的项。

18）装备管理没有时间标签（最好是世界时间，可有效避免时区和夏令时问题）、唯一识别码，以及工作应力和环境测量是随机数，从中几乎无法获取有用信息

装备的传感器读数若没有与具体场景关联，或者没有与同装备其他传感器读数、相关装备的传感器读数等进行关联，则是无意义的。

19）装备构型知识或装备构型控制不充分不可能使装备管理有意义

当装备部署后，用户单台装备的设计、制造与维护构型之间会有显著的差异。这些差异至关重要，是诸多装备管理失效的根源，涵盖了从不理解传感器数据信号到向外场维护人员派送错误备件等。尤其要警惕对装备所做的未记录的临时修复和状态更改，以及解决了短期问题但却造成装备损伤和严重破坏的典型案例。

20）某些人就是不明白

或者对其再培训，或者将其开除。装备管理要求机构的团队精神要有巨大的变化，以至于组织内各层级的很多人不能或不愿明白其中的要义。最好的情况下，质疑者会坐在一边，并希望你走开；最坏的情况下，他们会破坏必要的业务过程重塑。若必要，可以创新设立单独的装备管理部门，并允许其发展和成长，并使其免受不良影响。

21）不假设任何事

若给定装备管理的巨复杂度，且所需的数据、人员、过程和工具都会对你可用，则这是简单的。如果你不问，则你不会得到。

22）知道你所知的限制，学会感激对整个装备管理工程做贡献的所有层级的每个人

在业务内外，没有一个人有全部的答案，装备管理的诀窍可能来自任何地方。在装备管理的旅程中，会有曲折和反复，当你学会什么是真正的重点、什么真正产生价值，关注的重点也会随之发生变化。数据不是信息，信息不是知识，知识不是智慧，要善于倾听。谦虚是一种美德：可以让你打开心扉，分享人们在装备管理当中获得的知识和经验。

23）推进但需耐心

成功会孕育更多的成功，兴趣和激情越高，节奏越快，最终会得到认可和回报（有时会从意料之外的方向）。这就像蛇与梯子的游戏，在成功之路上跌宕起伏会很多。

4.3 案例与故事

在超过 30 年的时间内,我遇到了很多案例和故事,其成功得益于我所述教训的应用,如下:

(1) 在 20 世纪 70 年代,欧洲一个很受人尊敬的航空公司主席,当听说一项实验中的飞机发动机状态监视计划能够预防宽体飞机返航时,立即命令将其投入机群使用。他不需要正式的理由,他知道这样做会让航空公司的技术、经济表现和声誉受益匪浅。

(2) 从 20 世纪 80 年代开始,很多航空公司已经使用发动机状态监视优化飞机的派遣,将刚落地的飞机(发动机还处于热状态)派往更冷的目的地,反之亦然。这项策略延长了发动机的在役寿命,减少了更多的发动机超温事件,从而有效避免了服役中断。

(3) 数据采集不一定非要昂贵且复杂。在 20 世纪 80 年代,一家欧洲的主要航空公司在全世界值机柜台都配装了光学字符阅读器,客服人员在其服务空闲时,能够将发动机和飞机的数据从客舱打印输出反馈给主工程基地。在客票系统基础上创建的数据采集网仅花费了不到数万美元。

(4) 另一家欧洲主要航空公司积累了巨量的飞机、发动机和其他子系统的工作性能数据,供应商们定期使用这笔数据"宝藏"发起对在役飞机的设计更改。例如,根据一次起飞中记录的非指令性俯冲信息,对一种宽体飞机的液压系统进行了彻底的重新设计。

(5) 在 20 世纪 80 年代,英国一位将信将疑的电站管理员依据实验中的振动监视系统结果关停了一台大型蒸汽轮机。当涡轮分解检查时发现主轴有裂纹,如果其再运行 30min,则可能导致灾难性失效和潜在人员伤亡。此后,他对此深信不疑。

(6) 飞机燃气涡轮发动机行业大量依赖物理模型,模型的精度和复杂度已经能够覆盖发动机机群的整个寿命期,并可为每个用户提供工作和维修预报。得益于这些模型,发动机的研制计划现在主要用于从工程上理解并验证已建立的模型,而不是对其胡乱解读。这会节省大量的时间和金钱。这些模型也是创建更加复杂状态监视方法的基石。

(7) 一家主要的燃气涡轮发动机制造商发现非常必要设立一个独立的公司开发状态监视和其他售后服务能力,以避免制造业当中的思维定势将处于研发应用潜力的创意扼杀在摇篮中。

（8）铁路行业的很多案例表明，为一个用途安装的传感器在用于其他用途时会产生更多的价值。例如，空气悬挂压力用于估计乘客的数量，而机车群内观测到的电气故障和车轮滑动防护系统启动，则能用于映射指示出铁路网中需要维修的区域。潜在的故障征候和事故调查记录的数据，可用于发现导致服务延迟的原因，并对应采取惩罚措施。

（9）英国一家主要的铁路运营商已经在工程修理站取消了乘客门故障的检查需求。运营商完全依赖在役列车机群乘客门上百万次工作循环采集的开、关时间和作动器电机电流等数据，实现准确预测和规划必要的维修活动。

（10）另一家英国火车运营商将每名驾驶员控制盘的"孪生体"实时发送到中央控制室，使得保障人员能够给驾驶员和其他乘务组人员提供及时的建议。

（11）英国一家主要的卡车制造商发现，监视柴油发动机的传感器能够用于监视驾驶员的行为。他们现在提供服务，使用数据逐步改善驾驶风格，已在减少旅行晚点、事故、保险费和耗油量等方面取得了显著成效。用户和驾驶员互利共赢，对于取得业务成功产生了非常正面的反馈。

（12）一家主要的F1方程式赛车团队使用状态监视数据对比赛中的每辆车性能进行实时建模。团队使用这些模型预测比赛结果，并通过假定分析优化重新加油、轮胎选择和赛时加油停车。

（13）很多货车和卡车业现在使用实时GPS和其他车辆数据跟踪车队的性能，从而减少费用，改善面向用户的服务。至少两家主要的轿车制造商正在将这一方法拓展至消费者领域，向私家车用户提供更加完备的实时建议和保障业务。这对于电动私家车尤其有用，可解决"续航里程焦虑症"，并增强对新技术的信心。

（14）现在几乎全部道路交通工具都配装了复杂的车载诊断系统，减少了维修次数和费用。所有者仅用智能手机APP就能获取其车辆性能的实时详细信息。

（15）远程诊断对于关键、高价值、难到达装备的维修和运行规划至关重要，这类装备包括石化和其他过程装备，水、燃气和电网，风机（尤其是离岸部署的）、电站、移动电话天线基站备用电源装置等。

（16）随着人群老龄化和健康护理资源的紧张，人的健康监视变得愈加重要。我曾使用简单的工具和可视化成功监视了自己的血压、体重、小便、食物摄入量和体育锻炼近10年，在健康、康乐方面取得了巨大的改善，甚至挽救了自己的生命。

人们得益于理解装备如何生产和在役使用知识，改进了业务并使用户满意，上述这些案例仅是众多行业成功案例当中的一小部分。

4.4 本章小结

本章总结了我 30 年专业生涯中在装备管理中学到的经验。至关重要的是装备管理必须聚焦业务，这是因为业务受装备能做什么影响而不必关注它是什么。另外要打开视野，这是因为装备管理的效益可能不在你首先想到的地方。基于此，数据集成能够协同创造意料之外的价值并使用户满意。装备的知识管理是尤为重要的，基于物理的模型是完全理解装备和业务动力学的基础。若想让你的努力得到认可和实施，事物必须简化。必须始终牢记，成本不是价值——削减成本者应当牢记。一项装备管理业务的产生离不开三个关键组成部分：人、过程和工具。绝对不能低估人因，因为这会主宰你的努力。最后，不管从个人讲还是从专业上讲，坚定不移总会得到回报。

4.5 致谢

在过去的三十年中，我不可能独自完成这些工作，很多人给了我关心和帮助。罗·罗、Mike Barwell、David Lendon、John Chantry 和 David Nevell 等人在等我的早期工作中给予了鼓励和栽培，而 Rob Walter、Mike Ward、Nick Cripps、Peter Kerry 和 Mike Page 则协助我完成了 COMPASS™ 系统的开发、测试和早期批量应用。Simon Hart 和 Charles Coltman 帮助我完善理念，更好地与人相处——Simon 在我需要时，给了我很对多睿智的建议和见解。Cranfield 大学的 Riti Singh 教授是我的授业导师，在 20 多年中给予我大量的帮助和支持。在数据系统和解决方案公司，Jeremy Lovell 和 Chris Bishop 向我展示了民用飞机发动机之外的世界，并持续支持和鼓励我奋力前行，先是去了庞巴迪运输公司、接着去了智能能源公司。在庞巴迪运输公司，Paul Forrest、Nick King、Dave Harriss、Simon Edmunds、Laurence Steijger、Kevin Parr、Stefan Gibson 和飞行器信息团队，在开发庞巴迪 ORBITA™ 系统及其"视景演示"前身（由 Cameron Hood，Neil Burrows，Janis Armstrong，Debbie Cassels 以及格拉斯哥的 Nvable 团队开发）期间给予的大量精神和实践上的支持，Angela Dean、Mark Leahy、Stuart Walters、Shaun Reynolds 等预测服务工程部的同事提出了很多重要的创意并将其转化为现实。分管 ORBITA™ 知识控制中心的 Martin Gaffney 和 Robin Pearson 是预测服务工程师和外场之间的主要桥梁，没有他们，整个项目会毫无意义。Scott Goldie、Roy Stockbridge、Nigel Sayers、Colin Gribble、James Delaney 等人见证了 ORBITA™ 系统在外场使用的前景，将其应用于运行中，并提供了很多宝贵的反馈意见。在智能能源，CEO Henri Winand 对于我提出的创意和现在由 John Murray 领导的装备管理团队（Jeremy Lovell、Chris Bishop、Chris Kirkham、Steve McCoy、Rhys Lloyd、Philip Robinson 和 Hafiz Wasif）给予了坚定的支持。最后，我的妻子和两个孩子给予我宽容，容忍我经常在晚上和周末缺席，使我能够更加专注地在广泛的领域之上创造和开发新的装备管理创意和技术。此外，还有很多人难以一一致谢，他们给了我很多帮助，谨表达我衷心的感谢。在我的工作中出现的任何错误和误解都由我承担，与他们无关。

参 考 文 献

Baines, T., and H. Lightfoot. 2013. *Made to Serve*. Wiley.

BSI. 2008. PAS 55-1:2008. *Asset Management Part 1: Specification for the Optimized Management of Physical Assets*. Institute of Asset Management/British Standards Institution.

BSI. 2008. PAS 55-2:2008. *Asset Management Part 2: Guidelines for the Application of PAS 55-1*. Institute of Asset Management/British Standards Institution.

Campbell, J., A. Jardine, and J. McGlynn, eds. 2011. *Asset Management Excellence: Optimizing Equipment Life-Cycle Decisions*, Second Edition. CRC Press/Taylor & Francis Group: Boca Raton, FL.

Copping, P., ed. 2005. "Are your engines really as healthy as they seem?" In: *Engine Yearbook 2005*. Aviation Industry Press Ltd. "Data monitoring cuts rail running costs," *Professional Engineering*, November 8, 2006. Woodbridge Press.

Davis, R. 2011. *An Introduction to Asset Management*. EA Technology Ltd.

Evans, D. 2008. *Switching the Lights On*. MAN Truck & Bus Ltd.

Evans, P., and M. Annunziata. 2012. *Industrial Internet: Pushing the Boundaries of Minds and Machines*. General Electric Company, http://www.ge.com/docs/chapters/Industrial_Internet.pdf.

Ganguli, R. 2013. *Gas Turbine Diagnostics: Signal Processing and Fault Isolation*. CRC

Press/Taylor & Francis Group: Boca Raton, FL.

Grantham, A. 2007. "Orbita shows the way to optimised maintenance," *Railway Gazette International*, July 2, 2007, http://www.railwaygazette.com/news/single-view/view/orbita-shows-the-way-to-optimised-maintenance.html.

Hastings, N. 2009. *Physical Asset Management*. Springer-Verlag.

Johnson, S., T. Gormley, S. Kessler, C. Mott, A. Patterson-Hine, K. Reichard, and P. Scandura, eds. 2011. *System Health Management, with Aerospace Applications*. Wiley.

Mitchell, J., and J. Hickman, eds. 2012. *Physical Asset Management Handbook*, 4th ed. Reliabilityweb.com.

NVable case study: Bombardier. Orbita: the future of maintenance. 2009. NVable Ltd.: Glasgow, UK.

"Predictive maintenance delivers great results." 2007. *European Rail Outlook*, Spring 2007. Simmons-Boardman Publishing: New York, NY.

Provost, M. 1994. "The use of optimal estimation techniques in the analysis of gas turbines," PhD Thesis, Department of Propulsion and Power, School of Engineering, Cranfield University.

Provost, M. 2010. "Bombardier Orbita: railway asset management for the 21st century." *Journal of the Safety and Reliability Society*, 30(1), ISSN 0961-7353.

Rackley, S. 2006. "21st century maintenance for a 21st century railway," *The Rail Engineer*, December 2006.

"Reliability goes into Orbita." 2009. *The Rail Engineer*, June 2009.

Robinson, T. 2006. "Derby—we have a problem." *Aerospace International*, April 2006.

Sawyer, D. 2009. "Another year of progress," *Modern Railways*, January 2009. Key Publishing.

Singh, R. 2003. "Advances and opportunities in gas path diagnostics." 16th International Symposium on Air Breathing Engines, Renaissance Cleveland Hotel, Cleveland, OH, 31st August–5th September, 2003. American Institute of Aeronautics and Astronautics.

Waters, N. 2009. "Engine health management." *Ingenia*, Issue 39, June 2009. Rolls-Royce plc.

Wilson, A. ed. 2013. *Asset Management—Focusing on developing maintenance strategies and improving performance*. BEMAS.

第 5 章 IVHM 系统——创新之路

若昂·佩德罗，皮涅罗·梅勒耶，巴西航空工业公司

5.1 引言

本章主要介绍 IVHM 系统研发期间得到的几个经验教训。详细说明了巴西航空工业公司在 AHEAD-PRO™ 系统中如何引入低技术成熟度的 IVHM 系统并最终产生高端技术的研究、技术过程。

研究和技术是飞行器综合健康管理系统成功的使能者，也是有效应对竞争性、高完好率和低运行成本等市场持续压力的响应方法（Vachtsevanos，等，2006；Pecht，2008）。

在每一个成功的组织中都不难发现，创新概念经常与技术开发联系在一起，创新在不断变化的环境中发挥重要作用（Teece，2010）。

在这里，技术开发指的是将特定技术成熟至技术成熟度 6~7 级的一系列活动（Johnson，等，2011；SAE，2011；Mankins，1995）。

5.2 AHEAD-Pro 系统

巴西航空工业公司在 2005 年针对其 E-Jets 机群（巴航 170、175、190 和 195 模型）发布了首款 IVHM 倡议书，并命名为 AHEAD™，或者飞机健康分析与诊断（aircraft health analysis and diagnostics，AHEAD）。这种系统设计用于维护运行/控制中心（MOC/MCC），是一种基于网页的计算平台，其能够连续监视 E-Jets 机群的健康状况，提供即时的维护信息，并优化客户的技术运行，其目的是使用非入侵和直观的接口减少航班延迟和取消数。后来，决定为巴航商务机研制一款 AHEAD 版本。在 2011 年底，巴航为 E-Jets

机群开发了 AHEAD-PRO^{TM} 版本，是 AHEAD 的发展版。这一新系统的主要特征是能够评估系统的健康状况。与这一特征相关的技术开发将在后续部分进行介绍。

综合考虑其创新内容（例如专利、科学文章）、经济效益和寿命期内取得的社会和环境效应等多个方面，这一新系统获得了 2012 年巴西国家创新奖（CNI，2013）。

图 5-1 所示的是 AHEAD-PRO^{TM} 系统的潜在效益。在常规的运行中，由于没有诊断系统，故障通知只有在飞机任务结束后可用，才能规划和执行维护操作。有了 AHEAD-PRO^{TM} 系统后，可通过飞行中到地面的数据传输提供故障通知。这使得维护团队可在飞机着陆前规划必要的活动纠正问题，从而故障修复和飞机复飞要比常规的运行更快。有了 AHEAD-PRO^{TM} 系统后，其核心思想是避免故障带来的任意影响。若装备降级达到了临界值，则在失效前最适合的时间规划并执行维护任务，使得飞机快速恢复状态，而不需要更改航空公司的时间表。这种方法可以在最大化飞机完好率的同时最小化费用。

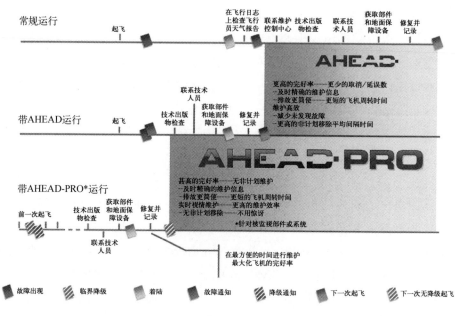

图 5-1　AHEAD-PRO^{TM} 系统的潜在效益

5.3 IVHM 技术开发

当一个组织决定开发 IVHM 的相关技术时，其面临的挑战众多。在这一过程起始时，最常见的问题是：

（1）应当开发什么技术？
（2）这些技术市场上是否可用，或其是否需要完全从 0 开始研发？
（3）是否应当与其他人进行合作，或承担整个研发费用？

本节将根据开发 IVHM 技术研发经验给出如何做出这些决策的指南。

这里提供的研究和技术项目的目标是开发 IVHM 系统的概念演示。首先的相关活动是识别哪些飞机系统需要进行监视。开发模型，量化状态监视每个飞机部件的费效。

需要详细审查外场数据和维护任务。图 5-2 所示的是费效模型的主要输入和输出。输入包括外场数据（失效率、维护记录）、定期维护任务（MRB）、工厂检修、IVHM 算法的技术可行性以及费用。输出包括每个部件的费效、IVHM 系统的经济收益以及不同输入下不同场景仿真的结果。

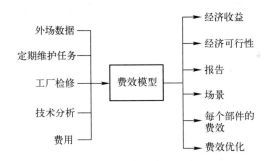

图 5-2　费效模型的主要输入和输出

费效分析的一项成果是在研究和技术项目期间被研究部件的清单，包括环境、液压、飞行控制和电气系统。图 5-3 所示的是需要调研的健康监视技术的系统分类。在技术研发期间，一些系统证实不可行（例如数据缺乏、采样率不足），另外的系统监视起来则简便易行，例如流量对于客户有重要价值。

图 5-3　研究和技术项目上研究的部件类型

为促进研发的健康监视算法成熟并满足规定的要求，需要定义 IVHM 系统概念演示架构。图 5-4 所示的是这一架构的主要组成部分。数据从飞机中获取并传递到自动数据处理单元。数据包括传感器参数化数据和故障信息。运营商需要能够通过互联网访问处理结果。数据存储来自飞机和其他适当系统的数据，例如维护和构型记录。处理站自动计算评估被监视部件的健康状况，并在数据存储单元记录结果。接着，航空公司运营商可通过网页接口看到结果。接着实现架构，并使得概念演示系统可工作。这一过程包含了同意参加项目研发运营商的数据采集。算法用外场数据进行验证，飞机运营商可通过网页接口确定是否提供了被监视部件的正确健康评估结果。

图 5-4　概念演示架构

图 5-5 是提供给航空公司的数据种类，在每种情况中，监视并记录部件的降级。第一个案例（图 5-5（a））是活门，所示的是活门的逐渐降级过程，

第 5 章　IVHM 系统——创新之路

在使用过程中段，磨损加剧跳跃到新的等级。这可能是由外部的因素（例如冲击）造成的，而后续的陡降则是由于安装了新的活门，监视继续。第二个案例是泵（图 5-5（b）），其表现出不同的降级特征。前期泵一直工作在低降级等级，之后一个失效模式导致其快速降级。在对泵进行维护后，降级水平恢复到正常。在给定降级水平门限值后，航空公司能够在最适当的时间对部件进行拆换。例如，将阈值设定为 80%，用于触发维护任务避免非计划内的事件。

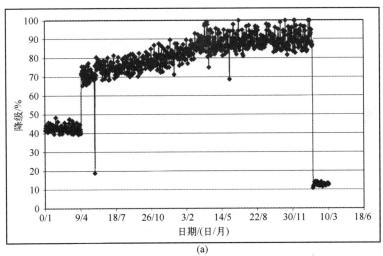

(a)

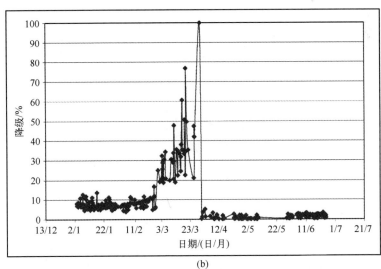

(b)

图 5-5　活门（a）和泵（b）的降级索引随时间的变化案例

在超过两年期间，系统在外场进行评估，提高了所使用 IVHM 技术的技术成熟度等级。多个指标计算如图 5-6 所示（带有演示值）。诊断指标显示了健康评估算法检测故障的能力。标定 100%的降级水平是非常必要的。正确的检测指标揭示了算法指示出失效的次数，且的确真实出现了。图 5-6 中的漏检所示的是失效出现了而没有被健康评估检测到的次数。正确检测数和总故障数之间的商定义为检测概率。

诊断		
正确的检测	[a]	140
漏检测	[c]	20
故障数	[a]+[c]	160
检测概率	a/(a+c)	88%

预测		
正确的估计	[a']	50
漏估计	[c']	10
故障数	[a']+[c']	60
估计概率	a'/(a'+c')	83%

图 5-6 在概念演示阶段计算的指标案例（数值仅作为说明）

在降级水平验证后，就可以继续评估预测指标。图 5-6 给出了一个这种指标的案例。正确的估计参数显示的是预测算法估计失效在计算区间内出现的次数且其真实出现了。漏估计则表征失效出现而预测算法没有预报到的次数。正确估计与总估计数之间的商定义为估计概率。

开发完的技术接着转移到业务部门（包含在 AHEAD-PROTM 服务中）（见 1.3 节）。对于只有少量出现次数的失效模式，且无法评估指标时，则不能认为算法足够成熟，不能进行转移。

5.4　重要方面和教训

在研发新的 IVHM 系统过程中得到了很多重要的教训。分别描述如下。

5.4.1 技术研发过程

当技术完全新开发时，IVHM 研制项目总是存在固有等级的不确定性。除了前述的各种不确定性之外，保持项目前进的一个可能方式是根据前一阶段的交付成果确定下一阶段的要求（Johannesson 和 Hogman，2013）。典型案例是对一类系统定义待开发的健康监视算法。在项目开始阶段，不可能精确知道选中的部件是否最适合进行健康监视。但是通过定义中间阶段和其对应的预期成果，最终会明朗应当监视哪种部件。

图 5-7 所示的是这类概念的一个案例，摘自 ARP4754A（2010），Johannesson 和 Hogman（2013），及 Hitchins（2007）。每个棱形代表的是一个项目阶段的里程碑节点，简化了可交付成果的安排，降低了低技术成熟度相关的风险。

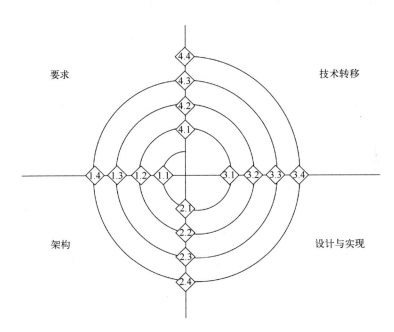

图 5-7　IVHM 项目技术开发过程案例（源自 ARP4754A（2010），Johannesson 和 Hogman（2013），Hitchins（2007））

螺旋过程能够帮助客户验证技术原型，并加强其在项目上的深度介入（见 5.4.3 节）。其中的所有门都不是强制性的，需要根据每个项目的需求在开发速度和必要的审查之间进行折中。也可对敏捷技术（Cohn，2010）进行评估。可用于不同门的标准案例如表 5-1 所列。

表 5-1 项目门的评估标准案例

标准	门	通过/失败	措施
定义价值提议	1.1	通过	不适用
平台特性（例如老或新）是否影响技术的这一阶段的技术开发？	2.1	通过	确保旧平台数据可持续获取到
获取的数据对于系统验证和确认是否足够？	3.1	失败	从其他数据源获取更多数据
客户是否准备好首架原型机的技术转移？	4.1	通过	不适用

5.4.2 研制特性

由于 IVHM 是一个"系统中的系统"，经常会出现外部和内部创新的问题。这一折中取决于公司规模、行业类型（例如航空运输、石油和天然气）和核心业务（例如航空公司、机身 OEM、部件 OEM）。对于公司而言，战略性技术应当考虑在外部实体，例如大学和研究所的帮助下进行内部开发。

此外，公司开发的 IVHM 技术应当有"最小规模"，以确保未来产品和服务供应的必要竞争力。也可考虑将开放式创新作为一种可能的战略（Chesbrough，2003），例如集成不同研发中心的成果，依靠外部研究为客户提供最佳的解决方案。

除了外部和内部研发特性外，也必须定义其他的方面。例如，从技术成熟过程中应当获取什么类型的数据？类似装备的历史信息也有助于发展新的平台——可以缩短项目进度并提高用户的满意度（见下一节）。

IVHM 系统研制的差异在于其某些属性不同于传统的飞行器。要求交付物具有敏捷性、柔性和递进性，而不是在很长的研制周期后交付一个产品（例如飞机原型机）。

5.4.3 用户介入

用户介入对于 IVHM 研制是必不可少的。尤其是长期项目，需要花费数年，提供中间结果非常重要，保持项目兴趣不消失。这些应当包括 IVHM 系统的工作演示（仿真数据、标准台试验、耐久性试验、原型机），从而使得过程不断地引人瞩目。图 5-7 所示的过程有助于达成这一目标。这一推荐对于内部（例如程序管理员）和外部客户（例如 IVHM 系统用户）都是有效的。

另一个重要方面是专门花费一定的时间开展费效分析，帮助终端用户提升价值量。由于 IVHM 系统承研单位通常也是飞行器的设计和制造机构，用户经常要求有系统的"物理"证据，如同飞机项目中的首飞。一个很重要的方面是要允许用户试用 IVHM 系统，以建立经验和信心。

"泡沫化的低谷期"是研究项目中最棘手的一个阶段，尤其需要引起注意（Research，2013），在这个阶段当中投入很多，但未按照预期速率产出成果。产出的成果实际出现的时间点很难预报。尤其当 IVHM 系统应对的失效几乎不发生时更是如此，研发可能需要花费相当长的周期才能结束。这里，与用户的持续交流对于避免研制脱离实际需求的风险是必不可少的。

5.4.4 资助

竞争前的资助对于特定技术的成熟至关重要。这是一个关键的环节，由于具有长成熟期的技术对于利益相关方的吸引力较低，因而只有少量的经费用于技术开发。申请研究资助的过程也可作为一个验证过程，其中研究生态系统的重要参与者，例如大学和研究所，可为技术发展路线图提供重要输入。

由于研发经常呈现高风险、花费大、潜在的高回报等特点，政府提供的竞争前基金例如"技术基础"（Tassey，1991）可考虑作为一个重要选项。内部和外部风险投资资本在 IVHM 研究项目中也应当予以考虑（Hall 和 Rosenberg，2010）。由于 IVHM 系统覆盖的技术和领域的宽谱特性，在发电、地面运输和信息技术等不同领域寻找资助也是可行的。

5.4.5 持续监视全球新的 IVHM 研发

理解当前 IVHM 技术的创造环境对于在组织内驱动新的研发是必不可少的。由于 IVHM 可用于很多领域，搜集的情报不能限制性地来自单一领域（例如航空航天）。系统地扫描和监视（Lichtenthaler，2004）新成果，以为新的项目提供指导和修正。IVHM 系统的这一多学科本质强制研发团队必须查询大量的公司和技术。例如，监视 IT 技术的发展趋势（数据仓库技术、通信协议、大数据、物联网）、其他的应用领域（地面载具、飞机、能量转换），以及同一领域的竞争者。这就需要有受训过的员工承担这项任务，以满足要求的质量和频率。

5.4.6 项目管理

研究和技术项目本质上是具有挑战性的。考虑研究和技术过程，项目管理技术会根据成果要求的变化而变化。获取的价值是研究项目使用的管理系统（Putz，2007）。其他的技术应当也进行评估并有望在减少项目进度和费用（包括敏捷性（Cohn，2010）和关键环节（Goldratt，1997））的同时提高项目成果的质量。每个系统都有自身的支持因素和反对因素，核心思想是混合不同的技术通常比单独的技术能够取得更好的结果。例如，整个项目可通过企业卷管理系统（EVMS）管理，但是更多的特定成果，例如软件开发中的用户接口，使用敏捷技术会更加适合，如图 5-8 所示。

项目管理的特殊方面是团队的促动因素。IVHM 项目的结果可能需要花费数年才能显现，对于目标保持兴趣可能是困难的。通过显示项目是相关的，保持利益相关方的介入，是改进促动因素并减少导致低生产力的所谓团队"不满"（Lacoursiere，1980）。

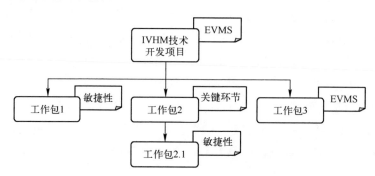

图 5-8 项目工作分解结构案例展示了不同的项目管理技术

5.4.7 知识产权

当研究和技术项目实施时，知识产权（intellectual property，IP）是需要持续评估的重要主题。

必须很好地定义保护策略，且应当覆盖专利注册、版权注册，甚至科学出版物，以主张并得到所有权。可以采用指示器衡量知识产权的数量以及项目研发费用等其他参数（Griliches，1984）。尽管这些参数不存在"绝对"

的价值，但是这些指示器可帮助提高公募基金和内部技术用户等重要利益相关方的兴趣。

由于 IVHM 系统通常实现为软件，这会为私有知识产权提供"偏置"而非专利本身，但是，都必须认真分析每个案例。

5.4.8 组织

研究和技术项目依赖于内部资助者和内部客户的支持。组织必须准备好引入这些技术，并最大化其价值。这一过程包括业务部门承担的义务（包括信息技术、销售、外场保障和其他），以及来自组织高层管理者的支持。这对于还没有引入健康管理"文化"的公司尤其重要，主要是由于大家还没有接受其效益感知。对于诸如"这不起作用"或"用户不想要那个"等的陈述，必须进行认真分析并采取管用措施，以防止技术研发中断。在这种情况下，坚持非常重要。

另一个重要方面是重塑组织以完全包容 IVHM 研究项目的本质。必须考虑非常规的途径，例如采用敏捷研发技术，从利益相关方视角出发，最大化 IVHM 研发价值。

组织的其他方面需要在企业内分配 IVHM 技术，可以由专业化的工程师团队集中统管，也可以分散在业务部门中。两种方式对于 IVHM 系统研发都是有效的。

5.4.9 技术转移

技术转移是研究和技术项目中另一个关键的考虑因素。为最小化基础研究和创新（Beard，等，2007）之间关键阶段的难度，这一阶段需要在研究团队和业务部门等不同的利益相关方中进行清晰的定义。项目管理者尤其要关注从技术成熟度 6~7 提高到 8 的必要投资数量（通常与研究和技术项目自身一样大），以及赋予过程中每个"代理"的作用和责任。这一协议需要在基础研究项目启动之前完成。IVHM 系统的一个特殊需求是如何评估这类技术的成熟度。在进行技术转移前由相当数量的专业用户评估其就绪状态是必要的。例如，评估算法的技术就绪状态在不同的系统和不同的失效率下进行测试是必要的。一个重要的方面是遵从技术成熟度的概念，而不是特定的描述。另一个挑战则是评估集成系统的技术成熟度。

5.4.10 吸取教训

在之前的小节中，介绍了在研究和技术项目中学到的教训。但是更重要的是如何将这些教训引入研究和技术过程、向前推进，并引入最终衍生的新项目中。

对于研究过程，好的实践做法是遵循持续改进原则，一旦识别到新的机会，将其更改进已有的过程中。

巴西航空公司使用了这种机制，将新的教训按照六条精益原则引入已有的过程中，即尊重人、价值、价值流、有计划、流线化的过程工作流、合作并追求完美（Oehmen，2012）。

图 5-9 所示的是如何将学到的教训引入研究和技术过程中。第一个项目为业务部门开发了技术。在这个项目期间学到的教训作为改进引入已有的过程中。下一个项目在启动后则应用了这些改进，并贡献了更多学到的教训。这一循环有助于将精益原则更快地贯彻进研究和技术活动中，且具有更少的企业阻力。这是一条非常好的实践经验，可用于任意项目开发团队。

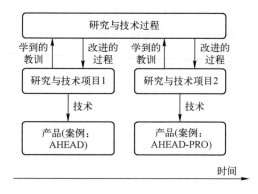

图 5-9　巴西航空工业公司学到的教训和研究与技术过程

5.5　本章小结

研究活动对于 IVHM 系统的研发至关重要，并牵引出大量需要考虑的方面。本章介绍了一些项目实践中得到的经验教训，演示了针对这类系统研发必要技术更加有效、高效的方法。

参 考 文 献

Beard, T., G. Ford, T. Koutsky, and L. Spiwak. 2007. "A Valley of Death in the Innovation
Sequence: An Economic Investigation." *Research Evaluation, Vol. 18, Issue 5*. Oxford University Press. pp. 343–356.

Chesbrough, Henry William. 2003. "The Era of Open Innovation." MIT Sloan Management Review 44 (3): 35–41.

CNI. 2013. http://www.premiodeinovacao.com.br/interna/memorias/2012, Accessed November 25, 2013.

Cohn, M. 2010. *Succeeding with Agile, Software Development Using Scrum*. Addison-Wesley.

Goldratt, E. 1997. *Critical Chain*. The North River Press, ISBN 0-88427-153-6.

Griliches, Z., et al. 1984. *R&D, Patents and Productivity*. National Bureau of Economic Research. The University of Chicago Press, ISBN 0-226-30883-9.

Hall, B. H., and N. Rosenberg. 2010. *Handbook of the Economics of Innovation, Vol. 1*. Elsevier, ISBN: 978-0-444-51995-5.

Hitchins, D. K. 2007. *Systems Engineering: A 21st Century Systems Methodology*. John Wiley & Sons.

Jennions, I. K., ed. 2011. *Integrated Vehicle Health Management: Perspectives on an Emerging Field*, ISBN 978-0-7680-6432-2. SAE International: Warrendale, PA.

Johannesson, H., and U. Hogman. 2013. "Applying stage-gate processes to technology development—Experience from six hardware-oriented companies," *Journal of Engineering and Technology Management, Vol. 30, Issue 3, July–September 2013,* pp. 264–287.

Johnson, S. B., T. J. Gormley, S. S. Kessler, C. D. Mott, A. Patterson-Hine, K. M. Reichard, and P. A. Scandura, Jr., eds. 2011. *System Health Management: with Aerospace Applications*. John Wiley & Sons, July 2011.

Lacoursiere, R. B. 1980. *The Life Cycle of Groups: Group Development Stage Theory*. Human Science Press: New York, NY.

Lichtenthaler, E. 2004. "Technological change and the technology intelligence process: a case study." *Journal of Engineering and Technology Management, Vol. 21, Issue 4, December 2004.* pp. 331–348.

Mankins, J. 1995. "Technology Readiness Levels, A White Paper." NASA. April 6, 1995. http://www.hq.nasa.gov/office/codeq/trl/trl.pdf.

Oehmen, J., ed. 2012. "The Guide to Lean Enablers for Managing Engineering Programs." Joint MIT-PMI-INCOSE Community of Practice on Lean in Program Management. http://dspace.mit.edu/bitstream/handle/1721.1/70495/Oehmen%20et%20al%202012%20-%20 The%20Guide%20to%20Lean%20Enablers%20for%20Managing%20Engineering%20Progra ms.pdf.

Pecht, M. 2008. *Prognostics and Health Management of Electronics*. John Wiley & Sons, September 2008.

Putz, P., et al. 2007. *Earned Value Management at NASA: An Integrated, Lightweight Solution*. IEEE. "Research Methodologies, Hype Cycles." 2013. Gartner. http://www.gartner.com/ technology/research/methodologies/hypecycle.jsp, Accessed November 25, 2013.

SAE. 2010. ARP 4754A. Guidelines for Development of Civil Aircraft and Systems. SAE International: Warrendale, PA.

Tassey, G. 1991. *The Functions of Technology Infrastructure in a Competitive Economy*. Elsevier Science Publishers.

Teece, D. J. 2010. "Technological Innovation and the Theory of the Firm:

The Role of Enterprise-Level Knowledge, Complementarities, and (Dynamic) Capabilities," *Handbooks in Economics*, *Vol. 1*. Elsevier. DOI: 10.1016/S0169-7218(10) 01016-6.

Vachtsevanos, G., F. Lewis, M. Roemer, A. Hess, and B. Wu. 2006. *Intelligent Fault Diagnosis and Prognosis for Engineering Systems*. John Wiley & Sons, September 2006.

第 6 章　APU 健康管理开发与实现的教训

朗达·沃尔索尔，UTC 航空系统

6.1　引言

辅助动力装置（auxiliary power unit，APU）是一种小型燃气涡轮发动机，通常安装在运输机或旋翼机起落架舱或尾部整流锥中，向飞机提供辅助电功率和压缩气流。当飞机在地面使用压缩气流启动一台或多台主发动机时，最常用 APU。对某些更新型号的飞机，启动主发动机要求用电功率，通常由 APU 起动机发电机提供而不是压缩气流。

一些运行要求 APU 能够在空中启动和工作，确保当需要应急机动时能有冗余的功率源。对于不是增程双发工作（extended-range twin operations，ETOPS）构型的飞机，APU 不考虑作为必须设备，且 APU 失效可通过最小设备清单（minimum equipment list，MEL）中列出的延迟 APU 维护程序进行缓解。APU 失效会导致运行延误，产生经济和后勤影响，但是几乎不会导致安全性影响。

对于 ETOPS 构型的飞机，APU 必须能够在空中启动，且能够在飞行全过程工作，以提供备用的电功率。APU 不能放在 MEL 上。因此，当 ETOPS 应用更多时，APU 健康管理的概念才会得到广泛考虑。

6.2　APU 健康管理需求

APU 健康管理的需求发展较为缓慢。历史上，APU 制造商不会为其 APU 提供健康监视系统。此外，多数运营商的机群既有新型飞机也有老旧机型，其 APU 模型和数据记录的能力也参差不齐。由于机群能力和 APU 模型之间的不一致性，APU 健康管理系统花费昂贵。

随着 ETOPS 的到来，给 APU 带来了额外的完好率和确认要求。在签派 ETOPS 航线之前，APU 不再是不能工作或在 MEL 上。在进入 ETOPS 状态前，更换任意可能影响 APU 空中启动的部件都需要进行地面和空中确认。要求跟踪 APU 滑油量和滑油消耗，建立 ETOPS 的适航性。

随着飞机数据采集能力的拓展和 ETOPS 越来越寻常，APU 健康管理为运营商提供了监视滑油水平和核心性能降级的能力，从而为运营商提供了在 ETOPS 签派前评估 APU 当前健康状况的能力。

6.3 实现挑战

APU 健康管理是飞行器综合健康管理解决方案的一个组成部分，涉及机上部分和地面部分。将 APU 健康管理离机部分引入 IVHM 系统，不比主发动机、机轮和刹车等部件复杂。机载部分则由于涉及 APU 软件和硬件的认证及可靠性，因而更具有挑战性。

开发和保障 APU 健康管理系统的指南可以参考 SAE AIR5317（SAE 2011）。

6.3.1 机载实现挑战

APU 健康管理系统的机载实现，受行业保持低认证、设计和重量费用及高可靠性的愿景影响深远。

6.3.1.1 认证

APU 制造商在多平台使用同样 APU 的能力减缓了 APU 健康管理引入新技术的进程。FAA 批准了技术标准命令（technical standard order，TSO），授权制造指定的 APU 模型。当制造商满足 TSO-C77b1（TSO，2000）（对更老的模型 C77a 和 C77）要求的最低性能标准，且 APU 模型演示满足飞机的认证基础时，会正式批准在民用飞机上安装该模型。因此，APU 模型可在多种飞机平台上安装，而不需要对每种平台都要求新的 TSO 授权。只要原始 TSO 在"开放括号"条款下得到批复，且设计更改不影响外形、安装或功能，对模型设计进行小的更改是允许的。对模型进行大改很可能需要申请新的 TSO 授权。

APU 制造商精明地靠在多种平台上使用同样的 APU 模型节省经费，从而可以避免漫长的新 TSO 授权费用。作为结果，APU 硬件和软件的大改，例如增加传感器或信号处理,或分割用于健康监视算法的控制器软件,都会推迟至新的 APU 模型需求出现时。因此,对应延迟了监视 APU 健康的能力生成。

6.3.1.2 传感器

APU 必须可用,能够执行预期功能,例如启动主发动机或提供压缩气流。当飞机原始设备制造商或运营商可选择在其机队中安装哪种 APU 模型,性能、可靠性、重量和费用是决定性因素。增加新的传感器,即使传感器不影响 APU 的完好率(控制和工作),也可能会降低 APU 系统的整体部件可靠性,增加费用和重量。APU 制造商一直致力于减少 APU 系统的费用和重量,同时提高系统的可靠性和完好率。这些反向目标使得在 APU 中引入新的传感器,例如滑油碎屑传感器和振动监视传感器陷入停顿状态。

1)控制和工作用传感器

APU 系统包括了多个用于安全控制和工作的传感器。这些传感器也提供了宝贵的信息,可用于评估 APU 的健康状况。典型的传感器可包括:

(1)转子转速——双转速传感器(转速 1 和转速 2)。

(2)燃气排气温度(exhaust gas temperature,EGT)——双热电偶(EGT1 和 EGT2)。

(3)压气机出口压力。

(4)进口压力(P1)。

(5)进口温度(T1)。

(6)油滤前滑油压力(P1)。

(7)油滤后滑油压力(P2)。

(8)油滤压降。

(9)发电机滑油压力。

(10)滑油温度。

(11)滑油水平。

(12)进口导向器(inlet guide vane,IGV)位置。

(13)放气活门位置。

(14)油滤压差。

(15)燃油压力。

(16)燃油温度。

(17)燃油泵转速。

（18）燃油电流。

（19）电池电压。

2）滑油碎屑监视传感器

传统上，APU 在滑油放油堵头中有一个磁屑探测器（magnetic chip detector，MCD），用于在滑油系统探测碎屑并要求目视检查。MCD 不提供累积碎屑的电指示。因此，在探测到碎屑时，很可能已出现了来自发电机的交叉污染或造成了其他部件的损伤。取决于 APU 模型，碎屑的影响可导致 APU 返厂大修，工作量和材料费用通常较大。

其他的碎屑监视系统，例如感应式电屑探测器（electronic chip detector，ECD），可探测金属材料，在线传感器可探测金属和非金属材料，也已经有商用产品并在飞机主发动机上广泛使用了多年。这两种传感器都能提供轴承、轴承滚道、轴承保持架或发电机碎屑累积的早期指示。在线传感器也能提供碳封严失效的早期指示。除了明显的好处和效益外，滑油碎屑监视传感器也是非常昂贵的传感器，需要有额外的软件和硬件进行信号处理。因此，MCD 一直是 APU 比较青睐的选项。

3）振动监视传感器

APU 的转速要远比主发动机转速高。在这些更高转速处，由旋转部件材料质量腐蚀、轴承降级、涡轮碰磨或轴弯曲引起的不平衡会表现为振动大并会导致诸如硬管、软管和管路附件的破坏。当这些附件破坏后，将其拆卸并更换，允许 APU 继续服役。最终，当主要部件失效时，APU 需要返厂。尽管振动监视是 APU 交付前或返厂前测试的有机组成部分，但通常振动监视系统并不安装在 APU 上。主要是过去的经验表明，设计很差的振动传感系统并不能将频率中的变化隔离到 APU 失效模式上，使得 APU 制造商曾经一度不愿意将振动监视系统装在其 APU 模型上。

研发能够准确将频率变化隔离到具体 APU 失效模式算法的费用和时间通常过于昂贵，且对于 APU 在飞机上安装获得美国联邦航空管理局（FAA）批准并不是必要的。此外，振动传感器的信号处理通常要求有单独的处理模块，会增加 APU 的重量和费用，降低系统可靠性。因此，振动监视传感器没有作为必需的传感器类型得到广泛接受。

6.3.2 离机实现挑战

APU 制造商必须做的决策是设计和实现单独的离机 APU 健康管理系统，

还是允许机身制造商将 APU 健康管理纳入整机系统。

APU 健康管理系统通常基于网页的系统，运营商和外场服务代表以及保障 APU 模型的工程师都可以访问。架构设计对于 APU 制造商是独一无二的，可以不必遵从行业标准，但是这样做的后果是将其集成到其他 IVHM 系统会很困难。

与多数项目一样，需要仔细审查离机系统研发的花费以说明投资回报情况。用于传输、提取、加载、存储和处理数据等的基础设施也不是免费的。从历史上看，将数据从飞机上传输到离机系统可以有多种通路，要求离机系统能够接收并处理来自这些通路的数据。解析、存储和处理数据（即图、显示、告警等）的软件代码开发费用会相当大，且过程中很可能需要持续的保障。若构建的 APU 健康管理系统能够轻松扩展，包含进其他的 APU 模型和飞机平台，则其开发费用就能被分散。

下节描述了在单独的 APU 健康管理系统实现期间得到的教训。

6.4 实现中的教训

由于机载和离机的费用以及上述考虑因素，APU 制造商依赖于飞机制造商定义支撑 APU 健康管理的机载航电软件和硬件能力。因此，APU 健康管理随着飞机平台的发展而发展。接下来介绍 APU 健康管理在两代飞机上发展和实现中的一些教训。

6.4.1 APU 健康管理——首次实现

在 20 世纪 90 年代，开始出现了 APU 健康管理的需求。作为回应，APU 制造商提供了解决方案，在最新飞机模型上对新的数据采集能力进行投资，支撑可以在规定状态下同时记录 APU 和飞机数据。飞机通信、寻址和报告系统（aircraft communications addressing and reporting system，ACARS）可自动将数据从飞机上传输下来进行趋势研究和分析。

由于当前的 APU 设计传感器很少，机载数据采集系统可用的参数量很有限。典型的 APU 仅有 10~11 个可用参数进行趋势分析。为确保 APU 循环记录数据的一致性，通常选择一些目标状态，当满足这些目标状态时，记录 APU 和飞机的数据。

排气温度（EGT）和燃油流量（Wf）是性能降级的关键指示器。将 EGT 观测值与参考值（见等式 6.1）以及 Wf 观测值与参考值（见等式 6.2）进行比较，可建立性能的趋势模型。使用 APU 循环计算程序用于在观测环境条件处（P1 和 T1）建立 EGT 和 Wf 的参考值、发电机载荷指令（Pgen）和引气指令（Plc）。

$$\Delta EGT = EGT 观测值 - EGT 参考值，其中， EGT 参考值 = f(Plc, Pgen, P1, T1) \quad (6.1)$$

$$\Delta Wf = Wf 观测值 - Wf 参考值，其中， Wf 参考值 = f(Plc, Pgen, P1, T1) \quad (6.2)$$

式中：Plc=负载压气机引气指令；Pgen=发电机电载荷指令；P1=进口压力；T1=进口温度。

APU 循环计算程序是一个稳态性能退化模型，可从试车台中记录的实际性能数据和服役数据中导出。由于多数 APU 模型中 Wf 不可用，因此多采用燃油伺服指令等可用观测参数间接计算 Wf。

在 APU 健康管理首次实现期间得到的教训包括：

（1）ΔEGT 受发电机载荷指令影响严重。

（2）ΔEGT 受季节变化影响严重。

（3）ΔEGT 和 ΔWf 具有变化性，使用加权方法减少每天的波动量非常必要。

（4）对于具有低 APU 工作小时数、高 APU 循环数特征的短航程飞机，可减少数据记录频率，从而降低 ACARS 传输的费用。

（5）APU 循环计算程序导出的参考值不能准确描述 APU 新机和大修机。

（6）相比不加载状态下，ΔEGT 在 APU 加载状态下，能够更准确地表征 APU 核心机的衰退。

（7）对于带有 IGV 的 APU 模型，需要从 ΔEGT 趋势中排除 IGV 反向运动状态期间记录的数据，以避免产生 APU 性能提升的假象。

（8）滑油滤堵塞和滑油热交换器堵塞可通过滑油温度趋势检测到。

（9）未考虑传感器漂移的影响，例如 T1 或 P1 读数过高或过低。缺乏表征传感器漂移的影响系数，很难从标定的监视参数变化中隔离出性能退化。

（10）APU 健康管理的所有权没有清晰地定义为工程功能或售后功能，使得诊断和预测算法的开发以及健康管理系统的改进困难。

APU 健康管理系统的首次实现没有包含任何预测能力。尽管趋势给出了未来健康状况的趋势，但是并没有提供健康指示器，也没有预报剩余有用寿命功能。健康管理系统不提供自动报警，因此，要求外场服务工程师和操作员在接近一天一次的基础上监视其发展趋势。

6.4.1.1 燃烧室失效

下述案例中,外场服务工程师使用健康管理系统成功地在 APU 失效前推荐实施了维护操作。这也是诊断和预测算法研发错失的机会。

APU 返厂时工作 14462h、19252 个循环数,孔探检查显示涡轮和压气机模块有显著损伤。损伤与长时间/大循环数对应。尤其让人感兴趣的是,空气进口增压壁贯穿、压气机衬垫和整流罩贯穿。

如图 6-1 所示,健康管理系统指示出早在七个月前该台 APU 在启动时 ΔEGT 就有 10℃ 的稳定增加量。在两个月内,ΔEGT 又额外增加了 10℃。ΔEGT 凸升 55℃ 且引气压力伴随有 5% 的下降,向外场服务工程师推荐检查 APU。根据检查情况,APU 接着被拆下返厂修理。

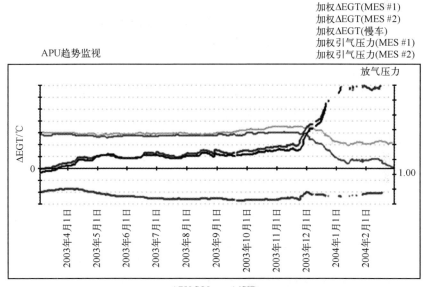

图 6-1 燃烧室失效

尽管飞机没有因为 APU 失效中断服役,APU 出现了 28 次 IGV 反向运动。每次出现都是一个事件,说明 APU 可能未能提供指令所需的引气空气以满足加载要求。

事后分析健康管理数据和返厂检查报告,佐证了 APU 剩余有用寿命情况。但是,APU 制造商未利用这次机会启动燃烧室失效健康指示器或预测算法的开发。幸运的是，这些数据都存档了，可用于未来新分析方法的开发。

6.4.2 APU健康管理——第二次实现

APU健康管理系统的第二次实现从其进入预定飞机平台服役的7年前就开始了。

新的飞机平台使得APU的设计不同于之前。具备ETOPS的飞机进入服役时就要求有APU健康监视功能。在初始设计阶段，新的APU设计打开了通往新增健康监视能力的大门。

针对APU监视用途，需要进行权衡研究确定是否需要增加额外的传感器。由于费用、重量和可靠性限制，通常不会批准使用额外的传感器。但是，很多APU控制和工作的传感器通常都是智能传感器，可记录额外的信息，例如信号状态、部件号码，以及被监视部件的序列号等。

APU控制器设计具有监视智能传感器信号的能力。每个工作循环中，记录数据的状态数量增加到9个，可用于趋势的参数数量则超过50个。

增加了在启动APU期间达到峰值EGT状态以及当APU刚达到稳态时两个状态，记录数据。研究表明，这两个状态的趋势变化与APU核心机降级有强关联性。在达到EGT超温状态前，对峰值EGT进行趋势也是一种指示可用边界余量的好方法，如图6-2所示。在主发动机启动期间以及在已知发电机加载状态期间，当发电机载荷在规定的KVA范围内时也需要记录数据。

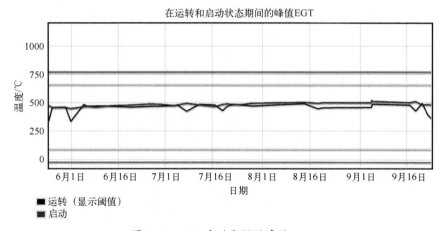

图6-2 APU启动期间的峰值EGT

在第二次APU健康管理系统实现得到的教训包括：

(1) 将 APU 循环计算程序模型嵌入到健康管理系统中,消除了从循环计算程序导出参考值引入的误差。

(2) 当参数阈值超过或检测到异常时,自动报警,减轻了对数据由人工每天监视的需求。

(3) 实际的燃油泵转速转换为燃油流量,并提供为计算参数。

(4) 测量滑油水平,可计算滑油消耗率。

(5) 针对任务关键 APU 发电机证明增加两个滑油压力传感器,监视发电机滑油压力和滑油滤阻塞的费用和重量是值得的。

(6) 在控制器记录机内测试期间探测到的每种故障状态。

(7) 在 APU 异常或保护性停车之前、期间或之后以更高的频率记录选定的参数。

(8) 增加额外的计时器用于对 APU 启动次数、APU 准备好加载次数、APU 转子停机次数以及 APU 门打开和关闭的次数进行趋势研究。

(9) 由智能传感器记录零件的序列号和部件号。

(10) 健康管理系统模块化设计,使得额外的 APU 和飞机系统可轻松添加至数据库和系统的数据可视化部分。

预测的应用时机清单如图 6-3 所示。可用参数与失效模式和后果分析(FMEA)的关联确定是否有恰当的时机检测到这些 APU 失效状态。

APU 参数	预测时机
选择 EGT	涡轮、燃烧室、压气机降级
EGT1 和 EGT2	传感器失效,涡轮、燃烧室降级、燃油喷嘴堵塞
燃油流量	燃油模块、涡轮、燃烧室、压气机降级
燃油压力	涡轮、燃烧室、压气机降级
燃油滤压降	燃油滤堵塞、燃油模块降级
转速1和转速2	传感器失效
滑油温度	滑油滤堵塞、滑油泄露、轴承、附件机匣或滑油泵降级
滑油压力	滑油滤堵塞、轴承、发电机或滑油泵降级
滑油压差	滑油滤堵塞、轴承、发电机或滑油泵降级
滑油水平	滑油泄露、轴承、附件机匣或滑油泵降级,消耗量
起动机电流	涡轮、燃烧室、压气机降级
燃油模块输入电流	飞机电池降级
APUC 输入电源	飞机电池降级
进口压力	传感器失效
进口温度	传感器失效
APU 停转时间	轴承、附件机匣或滑油泵降级
APU 启动时间	涡轮、燃烧室、压气机降级
进气门计时器	进气门作动器降级

图 6-3 APU 预测时机

在撰写本书时，检测和预报这些失效状态算法的开发正在研究中，目标是使用通用的可用技术，例如飞行器综合健康管理：技术细节（Jennions，2013a）中介绍的技术，用于评估当前和未来的健康状况并预报剩余的有用寿命。

另外，Yang et al.（2013）描述的感兴趣方法是使用数据挖掘框架进行 APU 的故障隔离，使用 FMEA 对数据驱动模型进行排序。这种框架可用于在诊断和预测算法开发时，评估哪种 APU 系统部件应当有更高的优先级。使用失效率、拆卸和更换时间、修理费用、对运行的影响（例如冗余的传感器），以及监视传感器关联到实际部件健康状况的能力等，排序确定哪个部件开发预测能力最有效。排序则会表明可造成 APU 启动或工作失败的部件，例如燃油模块等，比价格不贵且有冗余的点火器会有更高的排序名次。

6.5 制作业务案例

在《飞行器综合健康管理：业务案例理论和实践》（Jennions，2013b）和 SAE ARP6275（SAE WIP）中，提供了可帮助运营商评估飞行器等级的健康管理系统经济收益指南。这些指南可应用于 APU。APU 健康管理的业务案例包括两个方面：避免费用和增加收益。若实现并使用健康管理系统，则运营商以及 APU 制造商可避免费用并增加收益。通过监视 APU 机群的健康状况，运营商可在 APU 失效前安排维护，从而可减少延误、取消以及服役中断的数量和费用。APU 健康管理系统可帮助检测到早期的失效状态的发生，若未检测到，则可能导致大范围的并发损伤。若在 APU 失效前拆卸，可减少 APU 的修理费用。进一步，安排在失效前拆卸 APU 使得运行更加卓越，用户更加满意，也有助于提高收益。

通过监视多个运营商 APU 模型的健康状况，APU 制造商可得知其设计是如何执行的、服役中是如何使用的，接着引入信息改进 APU 设计的可靠性。更加可靠的 APU 可使用户更满意，提供将 APU 模型销售到其他运行商的更多机会，或在其他平台上部署。

对于在维护服务合同下管理的 APU，维护的整个寿命周期费用可通过两种方式降低，减少每次修理（工作量和材料费用）的整个维护费用，延长服役时间。APU 健康管理数据可用于优化工作范围规划包，使得可以最小化整个修理的维护费用，同时最大化服役时间。

当APU被修理厂接管后，材料和工作量费用将由工作范围规划包驱动。若工作范围规划包不引入健康管理数据评估APU的当前状态，则可能驱使APU制造商或者将APU恢复到全翻新状态，或者最小化修理范围。若维修范围规划包决策进行完全翻新，且由于工作范围规划包不能很好地解决可变的磨损模式和不同进程的磨损，则整个维护费用会被推高。从而会浪费相当多的部件寿命，很多部件都不会达到其固有可靠性。若工作范围规划包决策给出最小限度的修理，则可能会错过可预防的部件失效，虽然修理的总维护费用低，但是由于更频繁的返厂，反而会导致寿命周期费用更高。

若工作范围规划包应用可靠性为中心的维修，评估单个部件的可靠性，APU应当能够继续服役，直到达到完全的翻新或大修间隔。工作范围规划包过程会决策给出更少的返厂次数，从而有效降低寿命周期维护费用。

通过组合健康管理和RCM概念，可优化维护的总费用，同时保持预期的可靠性和服役时间。通过评估APU的当前健康状况，工作范围规划包可进行裁剪以适合特定的APU，从而得到更低的总寿命周期费用。

不管是否使用健康监视数据在失效前安排APU拆卸，或其是否用于在APU到达时用于优化工作范围规划包，APU制造商都会受益于更低的寿命周期费用，从而使得业务案例更被认可。

6.6 改变文化

ETOPS改变了运营商和APU制造商思考APU健康管理的方式。今天，APU不再是在故障出现后列在MEL上的简单系统。APU现在是飞机的完整部分之一，提供备用的电功率或压缩气流。当需要时，APU必须可用，不管是在地面保持乘客舒适，还是在空中提供备用电源。现在在新的运输或旋翼机投标中已包含了APU健康管理的要求。APU制造商不再有提供预期健康监视的选项。在近10年，这种文化已经发生了变化，随着更多的飞机系统纳入IVHM，这种文化会继续发展。再往前发展，传感器将会更小、重量更轻、更便宜且更可靠。数据传输能力将进一步扩展，数据传输费用将会进一步降低。所有这些进步将确保APU健康管理是IVHM系统不可或缺的重要组成部分。

参 考 文 献

FAA. TSO-C77b, 12/20/2000. Code of Federal Regulations, Title 14, Chapter I, Subchapter C, Part 21, Subpart O, Technical Standard Authorization Approvals (CFR14 Part 21.600).

Jennions, I. K., ed. 2011. *Integrated Vehicle Health Management: Perspectives on an Emerging Field*, ISBN 978-0-7680-6432-2. SAE International: Warrendale, PA.

Jennions, I. K., ed. 2013a. *Integrated Vehicle Health Management: The Technology*, ISBN 978-0-7680-7952-4. SAE International: Warrendale, PA.

Jennions, I. K., ed. 2013b. *Integrated Vehicle Health Management: Business Case Theory and Practice*, ISBN 978-0-7680-7645-5. SAE International: Warrendale, PA.

SAE. 2011. "SAE AIR5317 – A Guide to APU Health Management." SAE International: Warrendale, PA. October 17, 2011.

SAE. WIP (Work in Progress). "SAE ARP6275, Development of a Business Case Analysis for IVHM Systems." SAE International: Warrendale, PA.

Yang, Chunsheng, Sylvain Létourneau, Yubin Yang, and Jie Liu. 2013. "Data Mining Based Fault Isolation with FMEA Rank: A Case Study of APU Fault Identification," IEEE Conference on PHM, pp. 1–6, Gaithersburg, MD.

第 7 章　IVHM APU 自动空中启动大纲

埃姆雷·吉万，土耳其航空公司

穆拉特·于克塞伦，土耳其技术公司

7.1　引言

ETOPS（增程双发工作）规定允许双发飞机飞行远距离航线，这在之前是禁止的。批准 ETOPS 是一个两步过程。第一步是针对飞机制造商在设计认证过程中的"初始适航"要求，第二步是针对运营商的"持续适航"要求要满足 ETOPS 规定（FAA，2008a，2008b，2011；EASA，2010）。

土耳其航空公司使用波音 777 飞机执飞 ETOPS，机队应当符合美国 FAA、欧洲航空安全局（EASA）或国家授权 ETOPS 规定等的要求。所有的法规基本上都要求运行商实现 APU 空中启动（APU in-flight start，AIFS）大纲（FAA，2008a，2008b，2011；EASA，2010）。

土耳其航空公司是一家机群规模和飞机持有量都快速增长的航空公司，也是世界上飞行目的地位居前列的航空公司。土耳其航空公司有很多波音 777 飞机执飞，因此必须说明其符合这一要求。

最开始，唯一的选择是针对整个机群手工计划 APU 空中启动、跟踪结果并编辑报告。一般地，过程中更多人的交互会带来更多的规划问题和困难。土耳其航空公司竭力去处置这些问题，并不得不承受由人工交互引发 APU 失效的高昂代价问题。

为评估 IVHM 系统是否有助于解决这个问题，开展了可行性研究，回顾了之前与人交互的规划困难。在波音的飞机健康管理系统（airplane health management，AHM）（Boeing，2013）支持下，初步研究结果表明能够支持实现 IVHM 系统的想法。

与波音进行了深入的探讨，评估 AHM 系统如何能支持土耳其航空公司的 AIFS 大纲。这些探讨覆盖了由法规产生的需求以及规划的复杂性、人因以及 AHM 实现这一特定案例的能力。探讨圆满结束，双方建立了路线图和业务案例。本章主要涉及如何满足这一复杂的法规要求。

7.2 法规要求

ETOPS 规定指出飞机应当至少配装三套可靠且独立的发电机。此外，适用于 ETOPS 飞机的授权政策，要求可靠性得有相当高的置信水平。对于波音 777 这样有超过 3 套发电机的飞机，不要求 APU 在整个飞行中运转。但是，假设在 ETOPS 飞行期间一台发电机失效，为符合三套可靠发电机的规定，应当确保 APU 可工作且保持特定的可靠性水平。因此，监视 APU 的空中启动和运转可靠性非常关键（Airbus，2010）。适航法规强制要求须有 95%的高海拔成功率以允许执飞 ETOPS。执飞 ETOPS 对于飞行长距离航线的航空公司非常关键，而在之前这对于双发飞机而言是禁止的（FAA，2008a，2008b，2011；EASA，2010）。

与 EASA 相比，FAA 使用更多的倡议规定如何保持可靠性性能以及有什么限制。EASA 对于实现 APU 空中启动大纲有基本要求，需向国家授权机构演示保持 95%的启动可靠性。EASA 声称这一过程毋需检查间隔、频率、或全程，但是声称在可靠性指标证实胜任授权后，可延长启动检查间隔。FAA 的 ETOPS 规定涵盖了所有的 EASA 要求，并针对这一过程增加了更多明确的指导和限制。例如 FAA 声称 AFIS 大纲必须包含每架飞机 AIFS 能力的周期性采样，而不是重复采样相同的 APU。此外，在 AIFS 大纲中应当给出判定标准，这对于规划很重要。这些标准包括执行 APU 空中启动的高度和飞行阶段信息。更重要的是，与 EASA 不同，FAA 建议在特定的检查间隔内（一个月）启动大纲执行 APU 启动，并且限制了最大的检查间隔。但是 EASA 并没有给出检查间隔或限制（FAA，2008a，2008b，2011；EASA，2010）。

作为法规的一部分，在制造商的 ETOPS 维护手册中也声明了相关要求，使得运营商不能免于执行 APU 空中启动。尽管 AIFS 大纲是强制的，但由于运营商总是对其国家航空管理局负责，尤其在美国和欧盟外，FAA 和 EASA 也将大纲的符合性评定方法和空中启动检查间隔的延长授权给了当地有资质的管理机构。

在土耳其航空公司这一案例中，由于土耳其航空公司不能直接对 EASA 负责，授权机构是土耳其民航总局，但是，土耳其民航总局遵从并采纳 EASA 的法规为己所用。因此，也可以认为土耳其航空公司间接遵从并应用了 EASA 的法规。在这一案例中，由于 EASA 不详细说明如何执行 AFIS 大纲，土耳其航空公司在其 ETOPS 维护大纲采纳了 FAA 的法规中的检查间隔和其他限制规定，这些都得到了土耳其民航总局的批准。

7.3　AHM 自动 APU 空中启动大纲概述

波音的 AHM 是一种为运营商提供的用户保障解决方案，使其可在线跟踪维护信息，并对应立即采取措施，运营商可在飞机航线飞行的同时诊断问题并进行交互排故。AHM 也输出报警和通知，帮助运营商掌握机队的状态。

由于规划很复杂且要求满足各种各样的参数，并涉及很多的贡献者，AHM 自动 AFIS 大纲节省了规划 APU 空中启动的人力小时数。图 7-1 代表的是无 AHM 情况下的数据流和信息。当所有高度和飞行阶段参数满足时，AHM 针对将要执行的空中启动，自动规划并发送一个 ACARS 上行链信息到座舱机组（图 7-2）。

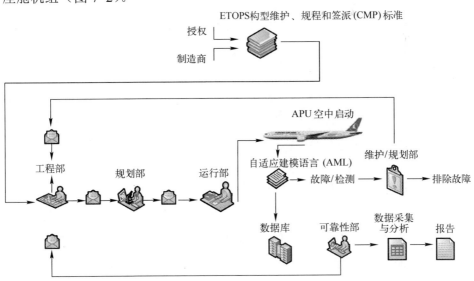

图 7-1　无 AHM 情况下的 APU 空中启动

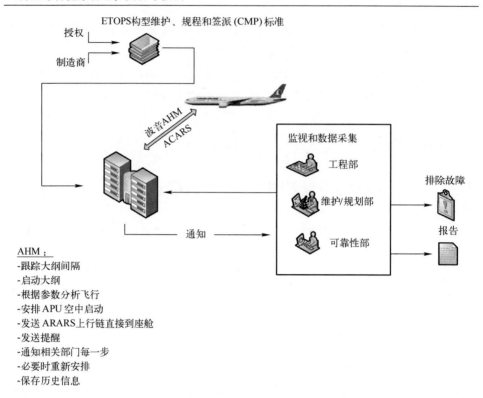

图 7-2 有 AHM 情况下的 APU 空中启动

AHM 使用特定的飞行包线知识，选择适当的时机执行空中启动。当在第一条或第二条信息没有试图启动 APU 时，可至多发送三条 ACARS 上行链信息通知座舱机组。这些 AHM 产生的 ACARS 上行链信息产生告警或通知，并向运营商演示已向飞机发送请求，接着若空中启动已尝试或没有，或者尝试失败，则警告运营商须对应采取措施。AHM 为这个过程提供了遍及整个机队的可见性，消除了人参与交互的需求。

7.4 教训：手工规划

在土耳其航空公司的愿景中，在运行的所有部分中都高度重视规划。愿景中认可人因在航空中至关重要，且发挥巨大作用，对于运行、费用、规划任务和用户满意度都有直接的作用。

在有波音 AHM 实现的 AFIS 大纲之前，土耳其航空公司波音 777 机队

APU 空中启动的规划是运行管理部的职责范围，完全依靠规划师的能力和主动性。在手工系统中，很多人都参与其中，且对过程的控制、可见性或跟踪都很少。在一项任务上要花费很多的人力小时数。这一结构影响了运行管理部和维护规划部之间的沟通，当需要时会引发采取措施的延误。

由于在过程中缺乏有效控制，展示监视或报告结果并非易事。这使得这一过程难以管理。

7.5 实现：借助波音 AHM 的过程建模

手工规划波音 777AFIS 大纲可能会给 APU 带来灾难性失效和巨额的费用。为确保 APU 的健康状况，空中启动应当按照严格安排实施。若由于规划错误，这些空中启动执行数超出必要，可能会导致 APU 严重损伤。为 AFIS 建立 IVHM 模型的主要原因是消除任何规划决策错误。贯穿整个实现过程，波音和土耳其航空公司带着极大的兴趣研究并审查了这一案例。法规要求清晰明了，评估了项目的可行性，通过 AHM 集成 IVHM 模型，考虑了之前的失效和教训。规定了过程动力学和映射，始终以完全自动的系统为中心，将过程中的人因解脱出来。

确定的 AIFS 大纲参数和条件基础也集成到了 AHM 中。ACARS 上行链指令序列由波音产生，首次测试由手工启动并观测 AHM 产生的启动 APU 请求是否发送到了座舱机组。在这些测试期间，座舱机组立即响应并采取措施令人印象深刻。

产生的 ACARS 指令序列互联到特定基于通知的报警上，确定每种报告的通知告警等级，并通知土耳其航空公司相关的运行和外场维护部门。

法规要求 AIFS 性能可靠性至少应为 95%——每年进行审查。因此，ACARS 指令序列历史和基于通知的报警需要有很好的可见性，这有助于为当地管理部门编辑报告并存档。这对于可靠性部门轻松访问这些历史信息也非常有意义。因此，基于通知的报警通过 AHM 的档案管理部门就可以获取。

7.6 性能指标

所有机队的飞机必须每 90 天执行 APU 空中启动。一月、四月、七月和十月是 AHM 自动请求的指定月份。为评估 AIFS 性能，APU 启动应当在飞行期间的特定条件内执行。这些条件由 AHM 计算，若这些条件满足，则 AHM 生成请求：

（1）飞行阶段高于 26000 英尺（1 英尺=30.48cm）。
（2）非 ETOPS 飞行超过 4h。
（3）ETOPS 返场飞行超过 4h。
（4）在飞行下降阶段的顶部或此时高空低温浸润状态超过 2h。

AHM 产生各种指令序列并发出下述基于通知的告警：

（1）首先请求上行链，无报警等级。
（2）成功的 APU 启动尝试通知，无报警等级。
（3）APU 启动失败通知，高报警等级。
（4）无 APU 启动尝试通知，低报警等级。
（5）首次请求后 2h 内无 APU 启动尝试，二次请求上行链，无报警等级。
（6）在二次请求通知后，成功的 APU 启动尝试，无报警等级。
（7）APU 在二次请求通知后启动失败，中等报警等级。
（8）在两次请求通知后未检测到 APU 启动，中等报警等级。
（9）不满足低温浸润状态通知，中等报警等级。

此外，AHM 中的"通知-类型"报警产生，并自动借助 Email 发送到各个成员，报告 APU 启动成功或不成功，也适用于飞行员不响应 AHM 发送的启动 APU 重复请求。

这里最重要的是 AHM AFIS 系统在座舱机组任何"不"的尝试后，能够在 90 天周期内继续跟踪飞行并发送请求执行 APU 启动，而不管已飞行了多少次。因此，AHM 使得土耳其航空公司不需要通过手工规划过程进行干预，已由 AHM 承担了全部工作。

为挑选出一年平均的 AIFS 性能数据，采用 AHM 历史表格信息（图 7-3）可使得土耳其航空公司可靠性部门过滤出所有的启动尝试（不管成功与否），并在向土耳其民航总局展示可靠性要求时使用。

第 7 章　IVHM APU 自动空中启动大纲

图 7-3　APU 低温浸润测试报警的 AHM 屏幕截图（源自 Boeing，版权所有）

7.7　本章小结

在优化过程中，降低费用、最小化人因的影响在航空中意义重大，IVHM 无疑证实了其价值。毫无疑问，IVHM 在航空过程中大有可为。

使用波音和土耳其航空公司合作实现的 AHM AIFS 大纲，是一个独一无二且成功的 IVHM 模型，无疑会给土耳其航空公司业务中引入更多的 IVHM 方法。很震惊地看到了如何通过使用 IVHM 方法论消除过程中的人因，最小化了规划的人力小时工作量，同时提供了完全的可见性和控制。IVHM 有能力节省费用、减少风险，提供更健康可控的过程，有效促进运营商的业务发展。

参 考 文 献

Airbus. 2010. "AIRBUS ETOPS In-Flight Start Program General Recommendations."

Boeing. 2013. *Airplane Health Management Reference Manual, Version 3.13.*

FAA. 2008a. FAR 121.374, Continuous Airworthiness Maintenance Program (CAMP) for Two-Engine ETOPS.2008.

FAA. 2008b. AC 120-42B, Extended Operations (ETOPS and Polar Operations). 2008.

EASA. 2010. AMC 20-6 Rev. 2, Extended Range Operation with Two-Engine Aeroplanes ETOPS Certification and Operation. European Aviation Safety Agency. 2010.

FAA. 2011. FAA 8900.1, Vol. 4, Ch. 6, Sec. 2, Extended Operation and Surveillance and Oversight. 2011.

第 8 章 RASSC 项目

肖恩·巴克，BAE 系统

8.1 项目目标

供应链知识库访问服务（repository access services for the supply chain，RASSC）项目是一项短期研究，瞄准为健康监视数据的保障信息知识库服务开发经济性模型。为完成这一目的，开发了一个知识库模型并根据飞机结构健康监视测试用例进行了确认。本章介绍了测试用例、服务模型以及为什么这样的模型可以支持飞机运营商、飞机制造商和低等级供应商的业务遂行。

RASSC 项目源于三方面趋势的交汇。首先，在运行方面，飞机或海军舰船等复杂平台在运营商和供应商之间需要有双向的信息流。状态监视数据应当从运营商流向供应商，用于诊断故障、管理器材库存、产品改进；而在相反的方向，飞行器综合健康管理系统则必须更新，以反映新健康传感器带来的技术进步。其次，主合同商和主供应商越来越倾向于提供 IVHM 数据分析服务，而不单纯是与产品捆绑销售的单独应用程序。从多个运行商访问数据，允许供应商建立更全面的工作环境视图，并为未来设计和健康预测分析持续改进提供动力。最后，诸如飞机和舰船等大型装备的工作寿命约 40 年，设计总寿命跨度则额外多出 10 年或 20 年。在这个长寿命区间提供基于信息的服务面临多方面的挑战，例如技术更改、设计所有权变更以及装备自身所有权的变更等。这一问题通过 RASSC 项目的结构健康监视用例进行演示，在下一节将进行详细讨论。

SHM 测量并估计飞机飞行时承受的应力，计算飞机机身的疲劳系数，以计算机身的寿命消耗。持续监视疲劳系数可使维护与实际使用匹配，而不是根据典型使用实施定期维护。随着产品使用经验的增长，可开发出更加准确的疲劳模型，并用其重新处理历史应力数据以改进疲劳系数的估计精度。当服役中出现新的损伤残留物时也需要对历史数据进行重新处理，并计算新位置的疲劳系数/损伤。从而，在机身的整个寿命期内都要保存好历史数据。RASSC 的首份贡献是更加精确地定义了工作数据知识库和保障所需的知识库服务。

项目背后的关键假设是在工作时由第三方服务提供知识库。从产品运营商角度看，不管主合同商和供应商所有权如何变化，这有助于更好地保存数据。从主合同商角度，为知识库给出了清晰的费用中心，形成了一条将其以长期租赁的方式外购给专业机构的新模式，从而可以有效缓冲供应商业务失败情形。若供应商是保障系统所需数据的唯一来源，则数据丧失会缩短平台的寿命，且会导致保障合同提前终止。从供应商角度，第三方可有效保护其知识产权，不受主合同商影响，同时也可以可避免自己开发知识库带来的研发成本开支。

依据这一假设，RASSC 为这类知识库开发了经济性模型，从中可以得到每种因素产生的费用、利润和风险：

（1）平台的运营商。

（2）主合同商，是平台设计管理者和系统集成者。

（3）平台部件和子系统的低等级供应商。

（4）知识库服务供应商。

从而，可以依次向每个参与者通报业务案例，并允许其针对知识库链中角色所需的服务，评估哪些需要收费，哪些费用需要支付。

RASSC 项目（RASSC，2013）合作伙伴为来自航空和国防工业的用户——BAE 系统（2013）；主要面向石油和天然气开采行业的 Ovation 数据（2013）是项目的数据服务提供商；Eurostep（2013）是专业的信息服务提供商；IT 创新（2013）是南安普顿大学的下属机构，曾开发了复杂计算环境使用的监视和收费服务。此外，BAE 系统与 Warwick 大学（Cave，2013）的一名经济学家签订了经济性模型的开发合同。项目得到了英国技术战略管理委员会（2013）的部分资助，并于 2012 年 9 月报告了其最终结果。

这项工作大量引用了多个标准中的观点。长期存档和获取项目（long term archiving and retrieval，LOTAR）正在针对航空领域开发一项长期数据保障标准（EN/AS9300），在功能架构和产品数据存储方式研发上有重要影响。

LOTAR 扩展并应用了开放式存档信息服务（open archival information service，OAIS）标准（ISO，2003），这项由 NASA 开发的参考模型非常有影

响力,其定义了知识库、提交协议和连续数据注入过程等的基本概念。OAIS 也衍生了附加的标准即有名的可信赖数字知识库(trustworthy digital repositories,TDR)(ISO,2012),这是一项知识库的审核标准,这一标准在服务提供商市场的发展中非常重要。 使用的主要信息标准是产品寿命周期保障(product life cycle support,PLCS)的 PLCS-ISO 10303-239 和 PLCSLib(PLCS,2013)。PLCS 是 STEP(standard for the exchange of product model data,STEP—ISO 10303 系列标准的统称)系列标准族中的一个。在各自权限内将数据视为产品,在寿命周期内进行管理,PLCS 也为知识库元数据提供了基础(Barker,2012)。

8.2 结构健康监视

疲劳系数重新计算(fatigue index recalculation,FIR)服务,利用采集的应变计或飞机参数估计数据,更新计算疲劳系数,测量各种机身部件的剩余寿命。RASSC 用例(Hebden 和 Hunt,1998;Gralewski,2012)介绍了台风喷气战斗机数据要求的初始审查,其目的是为飞机整个寿命期存储数据。

台风 SHM 系统设计为航电系统的一部分。SHM 系统用于执行机群范围内的疲劳寿命监视和显著的结构载荷事件。开发了两种疲劳监视的 SHM 方法:一种参数化建模方法和一种基于应变计的方法。两种方法之间的差异如图 8-1 所示。

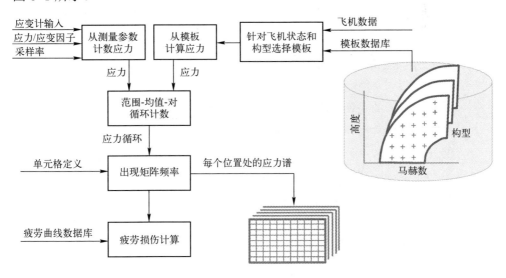

图 8-1 计算疲劳系数的参数化和应变计方法对比(Hebden 和 Hunt,1998)(由波音公司提供)

在基于应变计的系统，直接计算每个位置处的应力且用于估计疲劳寿命的使用。SHM 也计算并记录每次飞行的辅助数据（Hebden 和 Hunt，1998），典型数据包括：

（1）飞行数据。

（2）起飞数据。

（3）飞行持续时间。

（4）弹舱构型。

（5）每次起飞和着陆的弹舱/燃油质量。

（6）着陆数和类型。

（7）起落架循环数。

（8）最大和最小空速。

（9）高度。

RASSC 案例研究介绍了如何重新计算疲劳系数，现在是通用保障合同中的一部分，也可作为特殊的服务提供。提出的 FIR 服务在飞机整个寿命期内采集 SHM 数据，当改进模型准备就绪或当出现新的损伤残留物时重新计算疲劳系数。导出的健康测量值可识别出每架飞机的变化情况用于维护规划，并限制其使用或允许飞机比原先规划使用得更多。

RASSC 提供了从疲劳系数重新计算作为通用保障合同一部分的技术服务到单独商务服务的路线，允许更加明确地采集和收取费用，帮助用户更好地理解提供的服务和其价值，同时确保服务对于公司是有利可图的。

8.3 结构健康监视服务

图 8-2 所示的是所涉及各种机构及其工作内容的工作连通图。

（1）飞机运营商，由下述要素构成：

① 机群管理，确保有足够的飞机完好以满足出动能力要求。

② 运行基地，收集应力数据并维护飞机。

③ 飞机，产生数据并接受维护。

（2）FIR 服务提供商提供：

① 知识库，管理并保留 SHM 数据。

② 重新计算服务。

③ 重新建模服务，输出更新的疲劳模型。

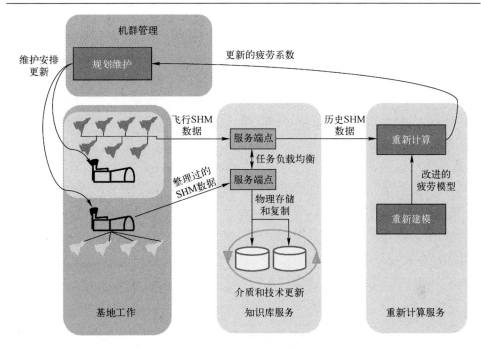

图 8-2　SHM 工作联通图

展开 SHM 过程，当中连线显示的是信息流。从飞机执行飞行任务和 SHM 数据采集开始。数据可直接下载到知识库中或在基地累积等待批量发送。

知识库服务内允许运行内部程序，例如对任务载荷进行均衡，以应对数据提交速率的峰值；将数据拷贝到物理分离的其他存储位置，确保在灾难情况下的业务安全性和连贯性；数据刷新，涉及将数据拷贝到新的介质以避免介质的退化影响，当技术过时将数据拷贝到新的存储系统。

考虑的数据寿命约 40 年时或横跨几代存储技术，最后一项数据刷新的功能尤其重要。例如，35 年前，流行的技术是 14 英寸的可交换盘包，提供 5MB 的存储容量，并逐渐被 8 英寸、5 英寸以及最后 $3\frac{1}{4}$ 英寸软盘所替代，而这些在现代的计算机都已不再兼容。长期的数据存储已超出了多数平台建造商的核心业务范畴，但对专业服务提供商而言都是一个快速增长的市场领域。

当更新的疲劳模型开发完成后，必须重新处理历史应力数据并将结果反馈至用户的机群管理机构。机群管理必须更新维护安排，且可能需要同时规划飞机的使用及其拆卸保养维护，确保有足够的飞机可用，以满足工作能力要求。这些修订的计划接着发送至工作基地完善 IVHM 循环。

8.4 合同和法律关系

尽管图 8-2 显示了 SHM 过程中所参与组织的关系，但从服务角度看，需要有更宽泛的合同和法律关系，如图 8-3 所示。产品运营商与主合同商签订合同，主合同商接着与 FIR 服务提供商签订合同——假定在 RASSC 中要外包给第三方。运营商和主合同的继任者出现表明，在合同关系中必须同时处置单个产品及其主合同所有权变更情况，在所示飞机案例中，主合同商对产品设计的安全性和适航认证所有者负责。再加上考虑国家安全规定、美国国际武器贸易条例等出口法规，以及疲劳模型的所有权等知识产权考虑，合同关系会更复杂。合同关系也必须考虑商务失败的情况，例如，需要确保产品所有者在主合同停止后仍能够访问 SHM 历史数据。

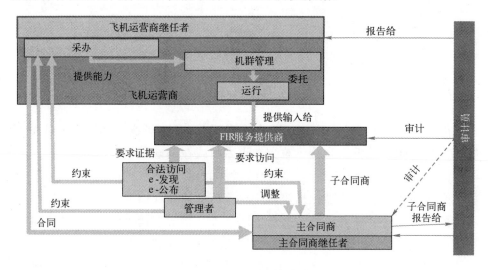

图 8-3 合同和法律关系

这些问题在主合同商和 FIR 服务提供商之间则更加直接，服务提供商只拥有数据而不是所有权，主合同商可设定合同条款，变更服务提供商而不影响服务。TDR 标准（ISO，2012）提供了涵盖这些问题知识库的检查清单，但若使用这份清单测试个人购买的音乐或电子书提供商的服务条款和条件，并查看已支付媒介的权利，而提供商已停止服务，则结果会不尽如人意。假设 TDR 有专业的审计员，可证实 FIR 服务提供商满足检查清单标准。

受法规的约束，信息也需要能够访问，例如，若产品有安全性问题，出于法律用途则有证据能够表明产品对事故的发生有责任，这就要求要采用适当的应用程序访问数据,并保证以有意义的方法使用,通常知识库提供商可通过签合同获得软件和许可证。针对诉讼问题,需要有演示信息"证据权重"的机制,即要能够说明信息的要点是什么,这需要一种技术途径组合,例如"检查和"、验证特性(LOTAR,2007)和程序方法(BSI,2008)。

8.5 知识库特性

在整个飞机机群的寿命期上会累积相当大数量的数据,将影响到知识库的设计。表 8-1 所列的是知识库的一些特性,并针对不同的能力等级(低、中、高)给出典型值。加阴影的单元格表示的是投射的 SHM 知识库近似值。例如,在飞机机群整个寿命期,累积的 SHM 数据可能会达到 PB 字节(10^{15} 字节),处于当前存储能力的低端。但是,作为对比,要将其保持 40 年,这样的要求则处于高端,目前基于云的解决方案估计只有 5~10 年的寿命。

使用专业数据格式(SHM 数据的记录格式)意味着,尽管在这一用例中已通过更新疲劳模型进行了缓解,但仍需要在服务中维持如何访问数据的知识。

数据请求和发送之间 96h 的延迟看起来很长,但也有好处,至少重新处理的数据是提前知道的,且长访问时间间隔使得数据能够转移到低成本备份存储中。

相反,一旦数据可用,并以 100MB/s 的数据流进行连续处理,则需要在三个月周期内读取完毕。这一惊人的数字是一种警告,所涉及的数据体量已超出了正常经验的范畴。

表 8-1 知识库特性

属性	单位	能力等级		
		低	中	高
存储	PB	1	1000	1000000
存储周期	年	短期:2~5	中期:5~20	长期:10~60
数据格式	格式范围	任意格式	标准格式	专业格式
自留体系	信息复杂度	数据(字节流)	信息(数据+语义)	知识
访问控制柔性	(定性的)	登陆和群组身份	登陆和基于角色的	基于政策的和资格核对
访问时间	h	96	1	0.01

8.6 提交协议

提交协议是一种数据产生者和知识库之间的合同形式。协议应当同时明确提交数据的过程和格式。后者在数据的长期保存中具有重要作用，可提供专门文档说明数据解码所需的背景信息，允许在将来对数据进行解码处理。

RASSC 项目准备了一份 SHM 提交协议的草稿（Gralewski，2012），内容如表 8-2 所列。元数据的定义是一个关键主题。元数据是业务过程所需的基础数据，用于有效利用任务载荷数据。在这种情况下，任务载荷是应力测量，以及用于计算疲劳系数所需的飞行和飞机构型数据。

表 8-2 提交协议草稿的主题

合同信息	技术信息
一般信息	待存储数据初始定义
存档信息	内容数据信息采集
数字对象和应用的标准	环境描述
对象参考值	硬件环境
数据量	元数据
安装状态	背景信息
法律和合同方面	溯源信息
日程	可信赖性
费用风险汇总	权限管理
关键点	描述信息

在实践中，元数据包含四个主要类别（简写为 MUST）：

（1）管理数据，例如日期和采集时间。

（2）使用控制数据，包括安全性分类、知识产权权利和出口管制。

（3）搜索数据，用于发现特定的提交物，例如飞机机尾号。

（4）信任数据，例如监管链，用于显示已执行的合同并给数据提供证据权重。

这些元数据处于技术元数据的顶层，例如所做的应力测量次数，可由软件使用正确读取任务载荷。

知识库应当设计能够适应不同类型的任务载荷，并提供通用的处理服务。对应的，搜索知识库服务处理的是元数据而不是任务载荷，因而也需有一个元数据的通用模型。显然，知识库专用的元数据模型与产品运营商和主合同商能够变更服务提供商的预期冲突，从而也需要有元数据的通用标准。

RASSC 项目概括了一份基于 PLCS（技术上讲，是一个 PLCS 数据交换集或 DEX）的元数据标准初稿。当中定义了哪种 PLCS 数据模块需要填充，并确定了具有特殊数据意义的初始参考数据集合。PLCS 参考数据是级联的，意味着用户可扩展标准用以满足特殊的需求。

元数据的 MUST 类反映了用户的业务过程；但是，OAIS 标准（ISO，2003）中定义的类别（表 8-2）反映了知识库的观点。Barker（2012）给出了这两种视角间的初步映射。

8.7 服务模型

RASSC 服务模型将知识库的功能要求分解为服务堆栈。两个主要的堆栈是知识库功能性，向终端用户和知识库基础设施提供存储和数据使用服务，允许知识库服务提供商管理面向用户要求的服务。两级服务分解如图 8-4 所示。另外的知识库构架堆栈构造也假设与云计算类似，当中，由专家咨询识别兼容的服务群组并合并为一个完整服务。为简化起见，这里只介绍模型的主要特征。首先，知识库功能性堆栈分为数据等级、信息等级和知识等级的服务。数据等级的服务将每个任务载荷看成是黑箱，并作为一个单元管理。这些服务提供数据的物理保障，正如前面所说的，已有这类服务的提供商。

信息等级的服务将任务载荷看成是白箱，意味着其可提取任务载荷中包含的数据并重新表达，例如，将旧的数据格式转换为可由当前软件读取的格式。FIR 服务是一种专门的信息等级服务案例。这种等级的服务同时要求有数据格式和数据定义的相关知识。

尽管一些专家强调内容的特殊类型，例如计算机辅助设计（computer-aided design，CAD），但多数所需的知识软件工程师都具备。因此，主要风险是当软件供应商停止支持这种格式时，数据不再可读，这种情况通常发生在原始软件发布的 10 年内。针对这些问题，CAD 领域中开展了大量的工作（LOTAR，2013；Ball，2013）。提交协议应当同步提供数据的格式和解译，使数据能够在产品的整个寿命期都可用。

知识等级的服务是处置所需的背景信息，以确保数据可由消费业务过程正确使用。例如，在 SHM 服务中，背景知识应当包括传感器的类型及其特性、疲劳模型自身、疲劳系数重新计算结果的解译。若这一知识丢失，则有数据被错误解译的风险，例如，假设原始传感器的输出与几代之后的传感器一样可靠。

图 8-4　知识库两级服务

在当前技术下，只有数据等级的服务可轻松实现外包，知识等级的服务仍由主合同商承担，这主要是由于只有他们同时既拥有疲劳模型的知识，还有设计授权对其更改。对于有专业知识要求的子系统，例如发动机或航电，这些服务应当通过供应链提供。

所示的第二种堆栈是知识库基础设施——实际运行知识库所需的服务。这些一定程度上取决于服务合同（例如，按次支付合同比年度订购需要更精细费用收取机制）。

8.8　经济性、业务和费用模型

知识库服务的经济性模型应考虑各种利益相关方及其在使用和供应服务中起的作用。也应考虑如何在利益相关方间分摊费用、效益和风险。业务模型则从特定的利益相关方角度给出，识别其如何通过服务规划，增加价值或减少费用，或通过销售服务获得利润。费用模型考虑组成服务费用的所有因素，包括硬件、训练有素的员工，满足安全性和审计标准。模型可预计提供服务的整个费用。在服务提供商的业务模型中，费用模型和价格模型之间的差，确定了服务所获利润和所涉及的风险。

RASSC 研究是在市场开发的早期阶段进行的，故还专门开发用于识别主要经济性模型和业务模型的框架（Cave，2012）。但是，对于长期数据保障的费用建模，仍是当前研究的热点问题。费用估计对于所做的业务和经济性假设非常敏感。例如一项关于维护总费用的研究（Abrams，等，2012；Addis，2012）成果表明价格的大范围变化取决于费用是如何随时间折旧的，或者用户是否预付款，以及允许预付款带来的花费。

从主合同商角度看，也能识别出发展路径，开始时主合同商通常负责信息和知识等级服务，而基础数据存储服务由外包合同提供。下阶段，将存储外包给专业机构进行长期的数据存储，外包方可以是已有的工厂外包供应商。此外，也需要将很多所需的信息等级服务进行外包以运行知识库。最后阶段，将整个知识库服务外包给知识库管理的专业机构，而主合同商仅保留对疲劳模型的控制。

8.9 本章小结

RASSC 项目虽然没有提供详细的蓝图，但至少提供了如何将健康监视的技术能力转换为业务服务的梗概。本章从企业架构视角给出了关于这些服务的心得。尤其是，图 8-4 所示的知识库功能性服务堆栈提供了一种组织单项服务的新方式，即在允许外包商品服务例如长期的数据保障的同时，允许服务提供商控制宝贵的知识产权。知识库基础设施堆栈则说明了除了 IVHM 数据处理的技术能力之外，还需要哪些内容需要处置。

参 考 文 献

Abrams, S., P. Cruse P, and J. Kunze J. 2012. "Total Cost of Preservation (TCP): Cost Modeling for Sustainable Services," https://wiki.ucop.edu/download/ attachments/163610649/

TCP-total-cost-of-preservation.pdf?version=5&modificationDate=1336402730000, Accessed 27 November 27,2013.

Addis, Mathew. 2012. "Cost models and cost modelling tools," RASSC 2.2.

BAE Systems. 2013. "BAE Systems," http://www.baesystems.com/, Accessed Nov. 27,2013.

Ball, Alex. 2013. "Preserving Computer-Aided Design (CAD)," Technology Watch Report 13-02, Digital Preservation Coalition.

Barker, Sean. 2012. "Does LOTAR Need PLCS?" PDT Europe 2012.

BSI. 2008. BIP 0008-1:2008 "Evidential weight and legal admissibility of information stored electronically." British Standards Institute.

Cave, Jonathan. 2012. "Business and Economic Models for Supply Chain Data Repository Services," RASSC D2.1.

Dr. Jonathan Cave. 2013. "Warwick Department of Economics, Dr. Jonathan Cave," http://www2.warwick.ac.uk/ fac/soc/economics/ staff/academic/cave, Accessed Nov. 27, 2013.

Eurostep. 2013. "Eurostep," http://www.eurostep.com/, Accessed Nov. 27, 2013.

Gralewski, Lisa. 2012. "Drafting Admission Agreements," TES 209002, . BAE Systems Advanced Technology Centre.

Hebden, I. G., and S. R. Hunt. 1998. "Eurofighter 2000: An integrated approach to structural health and usage monitoring," presented at the RTO AVT Specialists meeting on "Exploitation of Structural Loads/Health Data for Reduced Life Cycle Costs," 11th- 12th May 11–12, 1998, Published in RTO MP-7.

ISO. 2003. ISO 14721:2003, "Space data and information transfer systems—Open archival information system—Reference model."

ISO. 2012. ISO 16363:2012, "Space data and information transfer systems—Audit and certification of trustworthy digital repositories."

IT Innovation. 2013. "The IT Innovation Centre," http:// www.it-innovation.soton. ac.uk, Accessed Nov. 27, 2013.

LOTAR. 2007. EN9300-003:2007/AS9300-003:2007 "Aerospace series-LOTAR-Long Term Archiving and Retrieval of digital technical product documentation such as 3D, CAD, and PDM data - Part 003: Fundamentals and concepts."

LOTAR. 2013. "Long Term Archiving and Retrieval," http://www.lotar-international.

org/, Accessed Nov. 27, 2013.

McConnell, Andy. 2012. "Sector/Competitor Analysis and Business Plan," RASSC 5.1/2.

Ovation Data. 2013. "Ovation Data Total Data Management Solutions," http://www.ovationdata. com, Accessed Nov. 27, 2013.

PLCS. 2013. "PLCSlib Overview," http://www.plcs.org/plcslib/plcslib/, Accessed Nov. 27, 2013.

RASSC. 2013. "RASSC Retention and Access Services in Supply Chains," http://www.rassc.org/, Accessed Nov. 27, 2013. (Site for all RASSC papers)

Technology Strategy Board. 2013. "Technology Strategy Board, Driving Innovation," https://www.innovateuk.org/, Accessed Nov. 27, 2013.

第9章 计算机取证学：证据完整性挑战

伊恩·米切尔，苏科温·荷拉，米德尔塞克斯大学

9.1 引言

McKemmish（1999）定义计算机取证学为"以合法可接受方式鉴别、保管、分析和提供数字证据的过程"。这也可以重新定义为在法规约束下领衔调查，提供源于电子设备的证据，或向法庭提供可靠证据的过程。两个重点是在法规约束下的过程集合，这跟其他行业并无二致，唯一不同的是这些过程是从电子设备中提取证据，这也是本章的重点。

这种法规有不同的外在体现，例如参考文献英国（ACPO，2006，2012）以及美国（美国司法部，2004），但他们都有共同的目的，即保持证据的完整性。出于后续章节详细说明的原因，这并非意味着调查中的设备不能被改变，但其必须能够再生。为此，很多计算机取证分析使用符合法规要求的数字调查制度。当前存在很多种数字调查制度，但都建立在5个关键阶段的基础上：

（1）扣押：鉴别设备并在可能时将设备运送到数字鉴别实验室。
（2）保管：确保设备安全存放并做好使用记录。
（3）采集：对被调查设备做一份准确拷贝的镜像仿制品。
（4）分析：使用软件分析并调查镜像。
（5）存档：准备提交证据的报告。

第4和第5阶段需要依赖鉴证计算分析（FCA）的独创性和应用软件的知识，且能够根据装置和所需提取的证据进行调整。这些阶段的工作都很重要，但如果1-3阶段没有处理好，则很可能连累阶段4和5产出的成果。接下来三节首先逐项分析三个阶段的工作，并接着给出一个简单的案例和一个

复杂的案例，最后给出了本章的结论。

9.2 扣押

"装袋并标记"是证据保管链的第一步，若没有正确完成则会导致证据损坏。处理证据面临的问题是 FCA 在犯罪场景下的可用性。当前执法机构并没有足够的资源在犯罪现场部署 FCA 工具。扣押相关的各种问题列表如下：

（1）确保在审问疑犯时存储介质未消磁（Wolfe，2003）。
（2）正确运输存储介质——在运输计算机和电子硬件时使用飞机并不罕见，若其在非增压舱存储，则存储介质可能会损坏。
（3）连接到网络可能会非恶意覆写数据，或激活软件有意覆写或擦除数据。
（4）使用法拉第屏蔽袋防止移动装置访问网络。

9.3 保管或证据管理

在每一阶段的数字鉴证调查期间，证据管理的考虑是必不可少的。证据管理的基本考虑是机构的操作指南；以及司法权、法律、规章和依法实践等的应用。

9.3.1 证据管理因素

在证据管理中必须考虑很多因素。猛一看，这些看起来未必都相关，但是证据管理不但包括了必要的技术性因素，更多地也包含了由法规细节和所做行为辩护驱动的过程。

9.3.1.1 在扣押处的证据管理

在英国，数字鉴证调查员没有专门的从业执照，在实践中也毋需专业资格，因此，ACPO 指南（ACPO，2006，2012）在企业和执法领域得到了广泛应用。

数字装置的证据管理从扣押的初始点开始，需要考虑装置采集技术以防被篡改。扣押的存档需要完备且透明。必须展示检察员的能力，避免在证据的完整性和保管链上产生争执。

采集的证据应当合法获得。在实践中,作为整体调查时不应存在不可靠的合法性问题。

9.3.1.2 连续性和完整性

将人造品从犯罪现场运输到证据存放点应是透明的。一旦人造品进入证据存放点,应当记录其唯一证据编号,并开始记录证据的被访问情况。可以人工记录或采用电子化手段。这一保管链提供了检察员移动证据详情的可追溯性,即谁接触了证据、时间长短,以及在存放点之外的存放情况。这个细节确保了只有有授权的人才能访问证据项,且没有不能说明细节的日期和时间。

辩护团队若发现不一致性可以提出完整性问题,能够查看保管链过程;过程中的薄弱环节可能导致证据在法庭中不被采信。不采信接着会给整个调查罩上阴影,所有的证据都会因此被质疑保管链存在问题。

9.3.2 连续性保证方法

装袋并标记的方法是一种扣押证据的主流方式。这种安保方法避免了非法访问密封袋中的内容,有力保护了调查的双方。调查员使用袋子并用唯一序号封装。这种方法由调查员记录了袋子的细节,对袋子和封口做的更改都需要记录在案并在外观可见。

对证据的访问控制是证据管理的完整组成部分。一旦证据记录进存放点的文件控制系统(DCS),其移动在整个调查过程都可追溯。这提供了可在法庭披露的细节——其何时从存放点取走、归还和调查员的详情。

DCS 系统的一项扩展功能是做进一步的控制,确保证据只向有办案权限的调查员开放。若证据注册为敏感材料,例如儿童色情资料或法定专业特权(LPP),则在存放点需采取更加严格的控制措施。但是,这要求系统的初始输入要正确。一些机构例如欺诈重案署(SFO),采取进一步措施,将扣押的项放在彩色编码的袋中,这样就可以目视到口袋中所装的东西,从而警告调查员袋中所含的材料进行过封口处理。

DCS 维护每项证据的存放地点,证据也可能不在现场,但需要时能够随时召回。DCS 系统也能够生成报告,允许调查员和案件管理者看到由原始袋或证据产生的证据。这是非常有用的,其提供了对证据源的完全可追溯能力,详细展示了新生成的证据(例如产生的文档和调查员的陈述),并展示在特定案件所做工作的所有细节。

鉴证实验室中的证据需要以无缺陷方式进行管理。当证据项正在被处理时，其需要在鉴证实验室保存一段时间是常见的。有些物件例如移动电话可保存在鉴证实验室封闭环境中（法拉第笼），以防止接入网络信号，但有时这些设施在证据存放点可能没有。

鉴证实验室必须有处理下述事项的基本流程：
（1）实验室安保；
（2）工作时段外的访问；
（3）用于人造品的实验室内安全可锁闭区域；
（4）从实验室取走证据的管理措施；
（5）调查员间处理证据的管理措施；
（6）证据管理培训。

同期的文档对于检察员在调查过程中出示详细过程、做出理性的支持性决策是必需的。当质疑介质的取证处理时，检察员需要依靠同期的笔录恢复信息。这些详细的笔录允许第三方重复调查并得到相同的结果。这也是所有其他文档的基础，例如证词和文件记录。同期笔录的记录有公认的规则，不遵守规则可能会对检察员和调查结果有不利影响。

公布鉴证调查中的全部文档可能是必要的：这包括关于案件的所有交流、手写的或电子笔录。需要依据法规谨慎地撰写笔录，并将这些信息作为证据管理。因此，不能包含假设和个人主观观点。

一般地，同期笔录通常以警用笔记形式手写。随着实践的深入，目前也朝着手写和电子笔录组合方向发展，也引入了一些手写笔录不存在的问题。电子笔录现在能够嵌入视频，软件日志文件等。不管哪种方法放在首位，尤其是在查阅证据管理时，机构都有责任将其管理好。

9.4 数据采集和再生性

不同于生物取证，计算机取证能够完全复制或再生人造品。数据采集阶段负责进行复制，且为避免与简单拷贝混淆，最终的拷贝通常命名为"镜像"。表格9-1比较了手工和电子笔录，表格9-2解释了镜像复制的优缺点。

表 9-1　手工和电子笔录对比

手　工	电　子
当用于证据提交时需要考虑存放方式	为确保数据能够访问，需要考虑长期存储解决方案
精装册制作拷贝不便捷	数据需要确定格式允许未来应用能够读取
笔录可能放错地方	依赖系统
当检察员离开后会发生什么？	能够更换/建造标准上的元数据
笔录能够重写，且需要一种领取笔录本的机制	谁拥有这份拷贝？
无法备份	无形
	数字介质会过时
	电子拷贝能够备份

表 9-2　镜像复制的优缺点

问题	优点	缺点
可再生性	控辩双方都能再生人造品的精准拷贝。若能够保持证据的完整性，关于证据污点无异议	若不能再生证据的精准拷贝，则损害了证据的完整性
团队工作	没有必要直接在装置自身上工作，通常称为现场分析。制作多个人造品的镜像可让团队并行工作	若调查员没有培训过，可能由于某些团队成员不明白如何再生证据导致产生不同的结果
保管	人造品只需要一份主镜像。在此基础上，可制作多个镜像。这能够最小化证据污染风险	

从生物对应物继承的一个重要原则是证据污染问题。正是出于这个原因，不建议直接在嫌疑装置上工作，且这是由美国司法部（2004）支持的，鼓励采用装置的镜像进行所有的分析，其第一页描述"检查最好在一份原始证据的拷贝上进行，原始证据通过保护和保持证据的完整性的方式取得"。对证据的任何更改都会导致完整性问题，并会导致证据的不可靠。由于证据能够被镜像，这意味着第三方也能够访问镜像，并产生与原始检察员同期笔录同样的结果。第三方遵照指导指南和程序，确保镜像是精确的复制品；很多这类装置都是 TB（10^{12}）级大小且通常联网，因而对于 FCA 是具有挑战性的。再生性是本书讨论的焦点，这里先讨论其必要的组成部分。

9.4.1　写保护器

写保护器是一种在镜像目标和嫌疑设备之间插入的硬件，用于保证证据的完整性,防止将任何数据从目标设备写入到嫌疑装置。其确保了从嫌疑设备到目标设备的单向数据流。

9.4.2 哈希算法

Rivest(1999)和 FIPS(1996)提出的哈希算法用于计算机取证,以确定镜像是相同的且完整性没有损坏。这用于证实没有出现污染,且能够实现再生性。例如,控方扣押并镜像了一个电子设备,这个镜像由哈希算法产生唯一号码。当辩方镜像同样的电子设备时,他会产生同样的唯一码并因此证实双方都在同样的镜像下工作,且电子设备未出现污染。等式 9-1 是哈希算法的主要公式,给定两个不同的文件(x, x')和一个哈希算法 a(MD5),则其无法满足下式

$$H_a(x) = H_a(x') \qquad (9-1)$$

Wang 和 Yu(2005)研究表明对于特定的哈希算法存在满足等式的冲突项。出于这些原因,软件依靠两个哈希算法验证镜像是否正确拷贝,以减少出现冲突的概率。

9.4.3 软件

数据采集要求对于每一个嫌疑设备描述的事件是完备的。为确保这样,在设备和镜像运行的软件应用不同的哈希算法。接着其进行比较,若其匹配,则镜像就得到验证。图 9-1 所示的是经过取证工具镜像器(访问数据取证工具,2013)完成过程后的输出。

图 9-1 使用 FTK 镜像器验证数据采集(访问数据取证工具,2013)

9.4.4 同期笔录

在整个阶段，FCA 使用同期笔录解释更改（这不视为污染，这是由于镜像的更改），或分析镜像所需的证据提取。有时在法庭中交叉举证时需要这个过程，以向第三方解释提供证据再生所要求的过程。

9.5 案例研究——USB 存储棒采集

在这个规范的数据采集练习中使用的 USB 存储棒，用于说明如何将理论转化为实践；USB 存储棒对于数字调查是相当常用的。图 9-2 所示是所需硬件设备的布置图：①一个源或在役设备——USB 存储棒；②USB Tableau 写保护器，防止污染；③安装访问数据 FTK 镜像器（未显示）的目标驱动器（AccessData Forensic ToolKit，2013）。

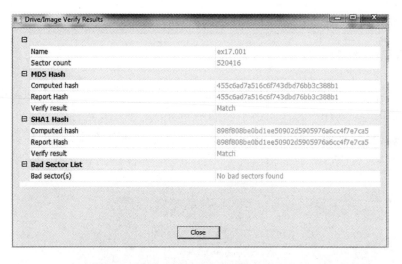

图 9-2　使用 USB 存储棒的数据采集。在目标和源装置间连接写保护器以防止证据污染

图 9-1 所示的是数据采集阶段的验证。图 9-1 的输出显示嫌疑设备和目标驱动器镜像中的两个哈希算法（在这个案例中，使用 SHA 和 MD5 加密哈希算法）是匹配的。因此，数据采集正确完成，并可用于第三方将来再次生成。

9.6 案例研究——移动电话数据采集

这个案例中的数据采集过程由移动电话模型决定。图 9-3 所示的移动电话需要取走电池才能拿到 SIM 卡；图 9-4 所示的移动电话则不需要。移动电话中的物理硬件和逻辑软件组合会在数字调查使用的软件和硬件表现出不同的行为。通常将手机模型和数字调查硬件及软件之间的预期行为存储在数据库中，并可以恢复用于保持一致性、预防污染发生。例如，对于某些手机模型，当 SIM 卡仍在工作时进行镜像是不可取的。背后的原因是在镜像期间，如果接到电话就会更改数据。可能时，应在完成 SIM 卡的克隆过程中避免这种情形发生。若手机能够在没有 SIM 卡的情况下镜像，则建议开展 FCA 并镜像：①手机；②内存卡；③SIM 卡。目前很多手机在没有 SIM 卡时不能镜像，故需要在无重要信息的情况下先完成 SIM 卡克隆，允许手机联网并保存数据。接着将 SIM 卡克隆体插回手机，完成电话的镜像，并确保在网络联网时没有数据篡改（例如，接收短信息）。

图 9-3 所示的是需要取走电池才能访问 SIM 卡的移动电话。这个过程能够重置电话的设置从而污染证据。在这种情况下，需要由 FCA 决定这对于调查是不是足够重要。这里的关键点是与同期笔录配合，减少由手机接收不可预计的网络通信，从而导致产生非预期的更改。

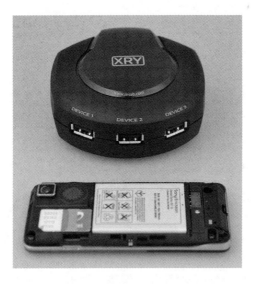

图 9-3 需要取走电池访问 SIM 卡的移动电话

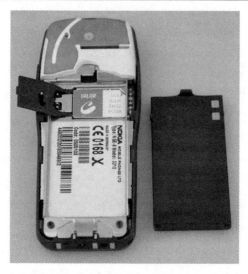

图 9-4 移动电话数据采集。XRY 集线器（Micro Systemation，2013）有多种用途并可用作写保护器

必须克隆 SIM 卡的另外两个原因：①获得的没有 SIM 卡的手机必须有 SIM 卡才能镜像；②获得的手机带有 PIN 锁 SIM 卡。这两种情况都需要克隆 SIM 卡插入，如图 9-5 所示。

经过这些过程后，移动电话做好了数据采集准备，可以对内存卡、手机存储等每个组件进行提取和分析。

9.7 本章小结

标准的数字调查对于训练有素的专业人士再生结果是相对简单的。在业内，这个过程也被称为"死亡分析"，对设备进行事后剖析，设备上的数据在可预见的未来（或至少在审判期间）不能更改。日新月异的技术已不适用这个分类（例如，固态驱动器（Bell 和 Boddington，2010）和移动取证（Barmpatsalou，等，2013），设备上的数据有较大的更改概率）。FCA 的挑战是如何缓解这些更改使得在镜像、分析、报告和提供证据过程中的影响最小化。在移动电话这个案例里，通过取走、克隆和更换 SIM 卡（图 9-5），可以减少任意更改的不可预计性。在访问 SIM 卡需要取走电池的案例中，FCA 进退维谷，取走电池可能导致手机产生某些更改，从而损坏证据的完整性。这种情况可通过采用标准的程序步骤，确保结果具有可再生性（即在数据采集阶段使用哈希算法产生匹配性）。但是，这已打破了处置数字证据的很多法律实施指南法则（例如ACPO（2006）原则1）。美国司法部一条法则（2004）这样陈述："采取的数字证据安全和采集行动不能影响证据的完整性。"在本章的两个案例中，训练有素的专业人员都会遇到看起来可能会影响数字证据完整性的进退两难情况。所做的每件事都是确保完整性得以保持且结果是可再生的。这个程序需要训练有素的专业人员，制作严谨细致的同期笔录，同时需要使用专业的采集硬件和软件，按照正确的程序才能产生法庭可以采信的数字证据。训练有素、有资格的专业人员，专业化的采集软件和硬件，按照一系列步骤，这些都做到位，才能确保数字证据的可靠性、可再生性和完整性。

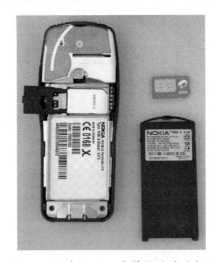

图 9-5　用克隆 SIM 卡替换的移动电话

参 考 文 献

AccessData Forensic ToolKit. 2013. *FTK*. Retrieved November 20,2013, from AccessData: http://accessdata.com/solutions/digital-forensics/forensic-toolkit-ftk

ACPO (Association of Chief Police Officers). 2006. *Good Practice Guide to Computer-Based Electronic Evidence.*

ACPO (Association of Chief Police Officers). 2012. *ACPO Managers Guide: Good Practice and Advice Guide for Managers of e-Crime Investigation.* London: 7safe.

Barmpatsalou, K., Damonopolous, D., & Kambourakis, G. 2013. A critical review of 7 years of Mobile Device Forensics. *Digital Investigation*, 323-349.

Bell, G. B., and R. Boddington. 2010. "Solid State Drives: The Beginning of the End for Current Practice in Digital Forensic Recovery?" *Digital Forensics, Security and Law*, pp. 1-20.

FIPS. 1996. Federal Information Processing Standards (FIPS) 180-1. (1996). *Secure Hash Standard.* Washington D.C.: NIST, U.S. Dept of Commerce.

Kirk, Paul L. 1953. *Crime Investigation Physical Evidence and the Police Laboratory.* Interscience Publishers: New York, NY.

McKemmish, R. 1999. "No. 118, What is Forensic Computing?" *Trends and Issues in Crime and Criminal Justice*, Australian Institute of Criminology: Canberra ACT, Australia.

Micro Systemation. 2013. *XRY Complete.* Retrieved November 20, 2013, from http://www. msab. com/xry/xry-complete

Rivest, R. 1999. *The MD5 message-digest algorithm, Request for Comments (RFC-1320).* Internet Activities Board, Internet Privacy Task Force.

U.S. Dept. of Justice. 2004. *Forensic Examination of Digital Evidence: A Guide for Law Enforcement.*

Wang, X., and H. Yu. 2005. "How to break MD5 and other hash functions," *Advances in Cryptology-EUROCRYPT 2005*. Ronald Cramer, ed. Springer.

Wolfe, H. B. 2003. "The Circumstance of Seizure." *Computers & Security*, pp. 96-98.

第 10 章 可再生生物技术：规模制造中的追赶

戴维·詹宁斯，Axxam SpA 公司

10.1 引言

20 世纪见证了包括电话、汽车制造等很多行业从标准化的手工制作到规模制造自治系统的发展转型。起初，这些系统使用基础、综合仪表或率先引入电气开关。为了追求更高的产量，且随着电机设计、反馈和控制系统的进步，推动机器人平台和制造执行软件的大发展，并成为规模制造（汽车和硅）的核心。换句话说，这些行业已经实现自动化了。

生物技术领域也在快速迈向同样的自动化水平。生物技术从规模化农业开始就已经以精细化育种和专业化杂交形式存在了。现代所说的术语"生物技术"则倾向于指的是聚焦制药和基因学等相对年轻的行业分组。这一细分行业的诞生，以一系列方法从先前实验室的手工劳动到现在的批量生产转变为标志。

一个成长型的案例是基因测序的到来。基因测序从 1987 年人类基因工程（HGP）项目开始启动。其目标是绘制 4 个个体的完整 DNA 序列。这项工作在 13 年后完成，花费超过了 30 亿美元。到 1997 年，该项目才仅完成了总量的 1.5%，而在 2003 年结束之前的最后几年，每月完成的测序量急剧增加。在接下来的 10 年中，这一行业突飞猛进，对个人完成基因测序仅需花费约 1000 美元，从采样到出结果只需要花费约 1 个星期的时间。

图 10-1 所示的是从 2001 年至 2013 年每基因所需花费的下降量。Welcome Trust Sanger Institute（HGP 的一个合作伙伴）在 2008 年声称"该机构每两分钟所产生的序列与国际 DNA 测序数据库首个五年存储的总量相当"。

相比生物技术，其他规模制造行业都有一个主要的优势——产品的稳定性。在多数工程中，制造设备以年为单位进行重新设计和改进。这个时间尺度也适用于生物科技。实验目标也在持续发展，从按年计到按月、甚至按星期计。这些期望的自动化，在硬件和软件架构上不得不越来越柔性。例如，生化筛选过去需要花费 1 个月设计，执行需要按年计，分析需要几个月。现在数据可以实时在线可视化，数星期就能获得上百万种组分库的数据，自动化设置必须能够适应新器皿以及处理步骤的差异性，而不需要重新规划任务或延后。

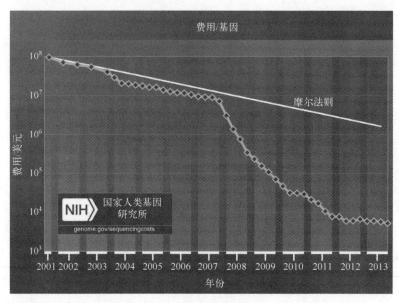

图 10-1　对数-正态图，所示的是每基因费用的下降量（一个人的完整 DNA 序列）。与反映 Moore 法则假设数据进行了对比，描述的是计算机硬件行业的发展趋势，每两年计算能力加倍（Wetterstrand 2014）。

生产的加速从来不是由单个仪器的发明所激励，而是得益于能够重复实验室手工工作的系统研制，且能够并行大量重复执行这些任务。这也是与其他自动化行业的一个显著差异，从健康监视角度看，这是非常重要的：生物技术制造的目标并非是预报单个失效，而是确保合格产品，且通过质量控制（QC）抽查样品，并生成评价结果。

10.2　移液管

从手工实验室到自动化转型的一个很好案例是小体积液体的简单移动。

这一进步构成了生物科技的核心（例如，产生特定的化学混合物或给细胞应用小量的混合物）。原始的机械装置称为移液管，在20世纪50年代初期获专利授权，涉及弹簧加载活塞在密封套管中的移动。通过按压活塞并将套管（尖部）的锥形底部放进需要转移的液体中。当松开活塞时，套管内的空气压力减少，液体被吸入到尖部（吸入）。将移液管移动到新的位置，再次按压活塞排出液体（排出）。

微量移液管专用于小体积液体测量，现在是大多数实验室工作的基础，在1960年获得专利授权。原始模型用于转移固定体积（由套筒和活塞行程距离几何尺寸决定），可调的版本在20世纪70年代中期发明。原始设计的固定尖部很快被塑料、可丢弃的尖部所取代，这使得可在最小的交叉污染下进行多次转移，并保持移液管自身无菌。图10-2所示为实验室设备案例，包括单支手动移液管、多通道移液管、塑料矩阵板和自动化处理站。

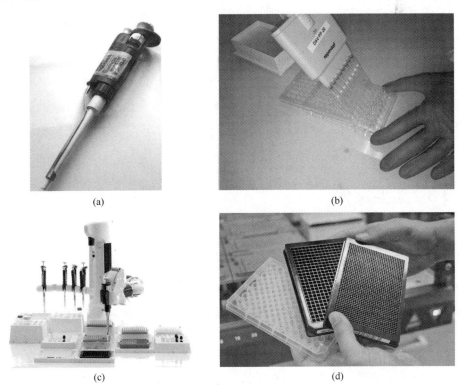

图10-2 （a）现代单通道手动移液管；（b）同样原理扩展用于并行处理的多通道移液管；
（c）实验器具案例——96槽、384槽、1536槽塑料矩阵板；
（d）使用标准手工移液管的自动化移液处理站。

要执行机械化移液存在多种模型,也包括设计仿生手臂,使用标准手工移液管。更自动化的解决方案间的主要差异重点是如何在液体表面产生空气压降,从而将液体吸入尖部。简单地可以使用电机,驱动注射器相对于套管产生直接的空气位移。重点是关键的电气—机械部件能做多小。转移量的大小会有下边界,通过良好的标定,能够保证测量的精确性。液体驱动系统通过关键部件中心化并将移液套管连接到充液的管中,不存在空间限制问题。管中的液体可以驱动进出移液管,从而可将套筒做得更小。但是,这种解决方案的风险是可能存在内部驱动液体和被转移液体的掺混,从而对未来样本产生交叉污染。一种更高阶的方法是使用压电活门移动移液管内的空气。

手工和自动移液管都存在转移体积的准确度和精度问题。被转移液体的特性(例如密度、黏度或表面张力)和环境因素(例如温度或湿度)会造成体积的变化,但移液管自身的机械特性(例如尖部到主体的封严)和使用(例如,活塞提起的速度)也会导致类似问题的发生。对于这些参数的标定是可行的,但是任何系统和环境都会随时间自然变化,从而影响被转移体积的准确度。

多数生物科技的生产都是基于小刻度体积转移,这使得移液效果和监视测量成为健康监视的很好案例。但类似原理适用于更广泛的领域,例如电动机或带生产系统的化学过程。因而,可以这样提问:如何设计使得系统所述的变化是已知的,可控的,且系统是最小化的。

10.3 工业案例

生物技术高产量的两个案例来源于制造核酸和生化筛选。核酸是用于基因测试、庭辩或基础研究的 DNA 或 RNA 短链。合成核酸的化学方法通常是大批量过程,通常只对最终数量做很少的控制。但是已完成商品使用的采集结果高度依赖于所使用的数量。因此,需要进一步对转移进行量化和精心操作,以达到目标的体积和浓度。

制造由处理指令控制,在塑料盘上批量处理,每个槽中包含了单个指令所需的体积。核酸的制造使用相对低密度的矩阵板(每板 48 槽或 96 槽),且需要在处理步骤之间手动传输。每个处理步骤都有特定的仪器类型(例如,化学清洗机,液体处理器,或光学阅读器),但是仪器并不是过程步骤专用的,多个步骤也能够采用相同的仪器类型。生产车间是由少数仪器模型组成的多单元集合,用于支撑整个生产过程流。产量受制于移动产品的工人数量,以及执行每个步骤的设备相对完好率。

高通量筛选(HTS)是一种执行成千上万次实验进行化学、生物或基因研究的方法。HTS应用的典型案例是药物发现程序中的第一步:搜索能够激活或阻隔与特定疾病相关细胞机能的化学成分。化学成分和细胞都放于与核酸制造类似的矩阵板中,但是具有更高的密度(例如相同指印下具有96槽或384槽)。每个处理步骤和测量都设计在整个矩阵板上操作,对所有的槽进行处理和采集数据。

用于筛选的工作站是一体化平台,设计执行从成分稀释到数据采集在内的一系列实验操作。单个仪器(例如矩阵板存储装置、液体处理器和数据采集系统),通过固定轨道连接,矩阵板可由其传递,或由机械臂在工作范围内事先定义的工作点移动矩阵板。成分矩阵板沿着这些轨道移动,稀释到期望的工作浓度,并应用到细胞上进行数据采集。每个仪器通常都有自己的控制器软件,并通过调度软件处理物理接口、授时和并行执行。

10.4 在健康状态设计、诊断何时出错

在理想状态下,机器人系统或工作站执行每次重复都会产生同样的结果。但是,在现实世界中,每次运动、测量以及完工品都会引入偏差。系统的设计目标就是将这一偏差控制(即测量并最小化)在预先定义的边界内。随着机电平台自身以及相关的信息系统持续进步,其他行业已经解决了这些问题。随着生物技术发展的突飞猛进,意味着贯彻这些经验教训(多数来自标准化)需要采用柔性的方式。

设计制造系统可贯彻健康监视三个不同阶段中的一个。全部都需要精心准备仪器和生产过程,但在品质和品质测量位置上有所不同。需要值得一提的是设计和实现所需的周期和资源随着每个阶段增长,这些成本会通过减少生产期间的停机时间和诊断进行抵消。

第一阶段是简单的为最终结果进行设计。在生产线进行贯彻,并通过质量控制测量对完工品进行随机抽选。这会给出完工品的一致性指示,但一旦测量超出设计容差,其无法提供关于造成非预期偏差根本原因的信息。如果没有不菲的诊断工程,问题会继续,直到仪器出现故障且会越来越明显,或者有可观测的征兆,例如大噪声,或冒火花,或完全失效。在实现与故障之

间的所有生产指令和批量都是可疑的。此外，故障仪器在修复前都是不可用的（可能会停止整体业务的执行）。在这一阶段，可以根据平均失效间隔时间（MTBF）增加维修和部件更换以减少仪器失效。但是产品随时间推移而产生的后果仍是未知的，当MTBF数据是英制的或必须在当地随时间进行采集时，仪器失效之前还不足以支撑采取预防措施。

高通量筛选工作站是健康监视第一阶段应用的很好案例。在使用前，对与成分相关的仪器单独进行标定和编程，实现特定的功能，并作为基线数据与实测数据进行对比。机械臂被注入仪器之间交换位置的 XYZ 坐标；液体处理器针对相关的液体类型进行平均转移体积的标定；测试矩阵板由检测设备重复采集，确保光学焦点、电子增益和数据灵敏度对预期测量都是恰当的。

筛选设备设计用于进行重复测量，且假设任何最终结果都绝不从单次测量产生。牢记这点，对新产品进行标定并周期性使用，按照售后建议进行规定的预防性维护。但是，单个成分的可能次优解表现与最终结果集合之间并不存在联系，这是因为任何偏差都被重复的数据采集平衡掉了。因此，不会得到整个系统性能随时间的定性测量。

第二个阶段是在生产线注入质量控制过程。识别出关键步骤或关键失效点，引入质量控制测量缓解措施，并作为制造过程的下一步。这样量化了定位，减少了偏差的可能原因，从而使得诊断的方式更具导向性。

此外，质量控制也可单独应用到仪器自身。相对于对产品的影响，仪器可按周、天甚至在每次运行前进行测试。多数机器人制造商都会对所有的轴和电机进行基础测试，在初始化程序或间歇运行中将其移动到固定位置作为零点。测试也能设计用于定位具有失效倾向或功能关键的子系统。

在核酸制造中，这一阶段主要是分离并单独监视每次操作和仪器。所有仪器都进行日、周清理和性能检查；在生产线针对一致性和产品品质执行多次测量；每台仪器都由报表软件概括，作为最低要求，应在中央位置跟踪成功和失效数。失效应该能够定位到仪器和任务，且一旦失效（产品质量控制或周期性仪器测试）频率增加，则意味着需要进行完全性能检查或保养。

生产系统健康监视的第三阶段则引入能够在执行期间测量并报告自身性能的仪器。这个最终阶段不仅能够记录并报告失效，以及何时失效已超出随机发生情况，而且能够在不工作时纠正处理偏差。对于移液管而言，应当能够测量进入尖部的体积运动，并对应的测量其排出体积的运动。这样的移液管测量系统允许通过对活塞运动的小调整从而实现对偏差进行补偿。

10.5 仪器案例研究

Hamilton"星型"液体处理平台是一个设计带测量的仪器,可实现第三阶段的监视。星上的每个移液管都有内置的电容和压力传感器。这些传感器用于探测移液管尖部与液体表面接触的时刻,并允许系统找到最佳的吸入点(通常在所述表面下的很小距离)。假设被转移的液体不是绝缘体,则电容传感非常适用于这个要求。通过对移液管施加一个信号,并保持液体容器处于相对电零位,当移液管进入液体后就可得到电流测量值。液位检测的分辨率大致与电机浸入移液管的步进量(约 0.1mm)相当。当浸入液体,测量移液管的压力时,过程类似。当其浸入液面下时,尖部的节流口被液体密封,随着尖部深入液面的深度增大,移液管内的空气压力增大。这种方法的优点是不需要电导。

液位检测允许系统响应移液中存在的多种偏差,在整个监视阶段初始设置非常便捷(可以标定一系列体积和状态,而不是特例)。但是,除了液位传感外,压力传感器则在现场监视中可允许测量更大的步进量。在转移中,测量移液管的压力提供了检测问题矩阵的可能性。随着活塞的上升,单次吸入的测量压力应当逐渐下降,当液体吸入尖部时达到限制值,且在活塞完成运动后达到平衡。液体可探测性问题的一个案例是对于污染的敏感性,或者能够形成大的沉淀物解决方案。这类液体能够在尖部入口处形成大的凝块,从而使得移液低于预期值。在吸入期间,这种相变体现为可测的快变尖峰值。

10.6 本章小结

在近几十年,生物技术已在从实验室向规模生产领域发展的转型路上。生物技术尤其是规模生产面临的最大问题是产品的不一致性。深度的技术不再是移液管液体的进出运动。这会导致当活塞升起时,产生一个连续的压降,且随着液体开始吸入移液管达到稳定状态(见图 10-3(b))。另一个可检测的问题是移液的准确度,依赖于已知空气的膨胀产生的压降。若尖部产生的空气压降过大,吸入的液体可能产生相变并气化,进一步膨胀,可能导致无法进一步吸入液体。因此,最终的体积需要与机械臂、各种数据采集仪器模块、存储设施,或液体处理进行紧密联系,且要求进行精心的设计工作,确保系统具有足够的柔性。

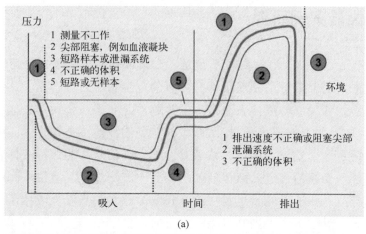

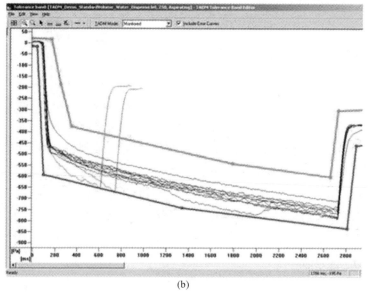

图 10-3 （a）在吸入和排出操作期间压力值随时间的变化情况，检测的错误按数字编号列出，并显示可能出现错误的位置；（b）吸入期间的压力采集数据，宽绿色和红色线是 50 次重复测量的三倍标准差上下边界。窄红色线所示的是吸入期间出现的凝块——压力逐渐下降经过可接受点直到接触边界。接着，这次吸入被终止。

生物技术内的多数业务案例表明，仪器的功能特性不管是什么任务，都是在给定的边界内预先定义好的。问题是需要想方设法确保完工品的质量，并跟踪预期过程流的偏差量。

因此，对于仪器制造商而言，需要跟上生物测量所取得的指数级进步步伐，并尽可能快地提高其研发产品的传感能力。采集和功能应当尽可能保持通用，并具有足够的柔性，满足终端用户的需要，但是制造商必须帮助行业确保每次操作都在标定时设置的规范要求内。无论如何，这个行业有大量的产品和测量正应用于人体。最需要确保结果的正确性。

参 考 文 献

Wetterstrand, K. A. 2014. "DNA Sequencing Costs: Data from the NHGRI Genome Sequencing Program (GSP)," Available at: www.genome.gov/sequencingcosts. Accessed March 19, 2014. National Human Genome Research Institute.

第 11 章　旋翼机 HUMS：历史上的教训

米歇尔·丁.奥古斯丁，IVHM 公司

11.1　引言

经过成百上千的开发者和创造者超过 30 年的持续努力和不懈奋斗，机载监视系统终于发展成为现代的健康和使用监视系统（HUMS）。这些监视系统的功能范围已从主要关注直升机传动链的机械诊断，扩展到监视整个飞行器以支持视情维护。本章将要讨论的早期系统命名为中央综合校验系统（Central Integrated Checkout， CIC），该系统是在 20 世纪 80 年代中期开发用于 V-22 鱼鹰倾旋翼飞机的。CIC 的系统设计与现代飞行器综合健康管理系统的目的和功能非常相近。本章将包含一些意义重大的教训并提供更加深入探讨这一主题的参考资料。介绍中将从历史角度出发，考虑系统所处的阶段、背景和所涉及系统的前后关系。换句话说，本章将以历史发展的方式探讨旋翼机 HUMS 这个主题。正如我们经常说的，"历史总是惊人的相似"，所要做的是将这一条件的影响减至最小。"我们经常不知道哪些是我们不知道的，而那些知道的人很不幸已经退休了"。

本章的讨论从 V-22 早期的军事开发开始，后转移到由英国民航总局（Civil Aviation Authority，CAA）启动的北海 HUMS 应用开发中，回顾了美国联邦航空管理局（Federal Aviation Administration，FAA）所做的工作，涵盖了美国旋翼机行业技术协会（Rotorcraft Industry Technology Association，RITA），现在称为垂直运输联盟（Vertical Lift Consortium，VLC）所做的工作。此外，本章将说明旋翼机原始设备制造商批准的 HUMS 开发，并大量涉及军用开发，最后给出一些有用的参考文献，以能够帮助读者掌握最近的开发进展情况。

11.2 V-22 鱼鹰 CIC/VSLED——第一款 IVHM 系统？

截至 1986 年，贝尔—波音针对倾旋翼 V-22 鱼鹰飞机的革命性机载监视系统完成了要求和初始设计，这一系统可提供所有主要的电气和机械系统的健康状态和监视。飞机系统包括任务计算机、数字数据总线和机载显示，以满足美国海军机载系统状态报告以及向机组发送戒备、建议的要求。装备状态页包含了报告所有失效或降级状态的过去、现在和测试状态。为满足机载系统的故障检测和故障隔离要求，将详细要求分解到所有合同商提供的新设备。这一 IVHM 系统称为中央综合校验系统。CIC 是一种由任务计算机软件管理的分布式系统，用于任务数据显示、结果下载和地面维护使用。机械诊断要求和其他与地面维护相关的功能，由振动、结构寿命和发动机诊断系统（Vibration，Structural Life and Engine Diagnostic System，VSLED）承担，提供按架次的趋势分析功能。CIC 和其 VSLED 子系统满足海军的测试性、维护性和保障性要求。出于实际的舰载工作原因，海军必须重点关注嵌入式/自动化飞机维护排故和设计，并尽可能消除单一保障设备的需求。CIC 的其他目标包括减少排故和校验时间，减少平均修理时间，减少要求的技能等级，减少定期维护等。为此，VLSED 的功能包括：机载桨—转子跟踪和平衡功能（计算并推荐调整方案）；发动机功率保证功能；发动机健康监视系统；发动机振动、发动机交叉轴连接、轴承的监视；机身和发动机部件的结构寿命监视系统。由于当时机载技术尚不成熟，传动机匣监视是现代 HUMS 唯一没有包含进 VSLED 系统的功能。时至今日，CIC 系统仍表现良好，其任务和维护数据已集成进海军的维护管理系统。

关于 CIC 系统和 VSLED 架构和能力的早期回顾可参照 Augustin 和 Phillips（1987）、Augustin 和 Middleton（1989）。列装近几年的教训可参考文献 Dousis 等（1999），Dousis 和 O'Donnell（2002），和最近的 Dousis 等（2011）。

11.2.1 CIC/VSLED 实现中的教训

在下载进行维护操作之前，需对实时状态进行精心地过滤。初始的系统状态子系统存储了所有的实时数据，导致系统负担很重，且存在潜在的虚警。尽管系统上电期间是定序启动的，但将设备机内测试和数据总线通信指示组装为一个可工作的系统实在过于复杂，设计师也无能为力。若启动或指令 bit

码在进行中，则通信总线或单个航电盒会错误报故，因此，系统必须说明这些报告如何以及何时才是有效的。此外，机组可在任意时刻打开或关闭航电系统。系统状态和记录系统需要考虑所有这些问题，并在下载用于维护使用时对应地对信息进行过滤。

任务和维护数据分离。在分发下载数据时，才需要留意用户的需求和限制。例如，若任务敏感数据嵌入了 GPS 数据，则可能需要限制维护人员访问这些数据文件。尽管未在规定的要求中明确，在下载中要采取有力措施将数据正确定位并分离为两个独立的数据文件。

机载告警或建议有显著的适航含义。知道拥有的能力和所做内容的关键性以及工作的环境。VSLED 从 6 个与振动相关的座舱建议开始：左/右倾转桨振动高、左/右发动机振动高、悬挂轴承振动高、悬挂轴承温度高。尽管其在原始规范中有要求，在经过海军审查后，最终去除了这些座舱建议，对任务计算机和显示软件进行了相应更新。多年后，由于早期的质量问题，尽管事实是 VLSED 既不是冗余的、也不在任务关键设备清单上，海军又返工重新决定将座舱建议加进了系统中。

机载建议主题的大量指南，读者可参考直升机健康监视顾问组（Helicopter Health Monitoring Advisory Group，HHMAG）的研究报告（HHMAG 1997）。在民用方面，FAA 和 CAA 认证指南，不鼓励使用来源于低关键度 HUMS 系统的座舱指示。此外，若贯彻了座舱建议，则必须清晰地规定对应的飞行员操作，这通常不是容易的事。

HUMS 地面站不能取代运营商的维护系统。多数军用和民用运营商已有嵌入式维护和后勤系统，故需要时分割 HUMS 数据文件并对数据进行接口和传输。HUMS 地面站在设计和功能性方面，必须密切连接到机载系统。另一方面，地面站的功能必须与客户或用户的维护系统进行集成。若已下载的和已处理的数据能够根据使用分离，则可以很好地完成集成。例如，正常情况下，外场维护不使用数据，而机载诊断数据则用于飞机的维护和排故。也可以将使用数据发送到其他的机构进行直升机飞行数据的监视（Helicopter Flight Data Monitoring，HFDM），也称为直升机工作监视大纲（Helicopter Operations Monitoring Program，HOMP），或飞行工作品质保证（Flight Operations Quality Assurance，FOQA）。出于同样的原因，履历本和状态数据也应当采用独立且方便使用的形式。在开发和进入服役期间，OEM 应当确保 HUMS 数据与用户的维护系统正确集成。

要周全考虑使用监视的空/地架构。关于在 VSLED 机载单元和地面站之间如何分配使用处理应用程序的争论很激烈。初始的计划方案是在机载系统中集成飞行状态识别算法和部件级损伤处理。在开展大量研究后，海军和开发者认为这样做不可行，主要是由于在外场中不可避免地对软件和部件构型进行更改。海军因而选择将这一软件部署到地面站，并集成到其维护跟踪系统中。注意：由于大多数应用中的商业化货架操作系统和 Windows 软件，HUMS 建议通告（AC29 MG15）和民用认证倾向于将使用软件计算（端到端）放置到机载系统。

11.3 北海 FDR/HUMS 研制

在 1982 年，英国民航总局启动了一项关于改善直升机致命性事故率的调查，发现直升机的事故率至少比相当的固定翼飞机高十倍。在 1983 年，直升机适航审查小组（Helicopter Airworthiness Review Panel，HARP）成立。HARP 给出了很多关于健康监视的推荐意见并推荐成立直升机健康监视工作组（Helicopter Health Monitoring Working Group，HHMWG）。英国国防部的一项研究计划——海军总航空参谋处目标（Naval General & Air Staff Target，NGAST）6638 是支持直升机健康监视生存力的种子研究活动，该计划于 1984 年完成。这项工作向 HARP 审查小组证实了振动健康监视技术是可行的。在 1985 年，HHMWG 发布了一份技术报告表明其有望用于转子、传动和发动机健康监视，并可对旋翼机安全性产生可信的影响。工作组推荐资助该研究进行服役试用，并成立另一个国际小组——直升机健康监视顾问组（HHMAG）。壳牌石油、其他石油和天然气生产商（Oil and Gas Producers，OGP）成员是重要的利益相关方，也是这些工作的主要贡献者。一架波音垂直起降的支奴干直升机在离开设得兰群岛时坠毁，导致 45 人遇难，进一步增加了这些工作的急迫性。事故的原因是由于前向传动中的齿轮断裂导致。由不同的英国直升机运营商领衔的团队开发了系统，并在 1987 到 1990 年间进行了系统的工作试用。每个团队都包含了直升机运营商、HUMS 技术开发商和设备供应商。直升机 OEM 不是试用成员单位。首批两套商用系统很快列装，一套由布里斯托（Bristow）运营商（系统由普莱斯开发，即现在的美捷特），另一套由英国国际直升机运营商（系统由特利丹控制（Teledyne Controls）——斯图尔特休斯的团队联合开发）。试用非常成功，并在 1987

年发展为 FDR，要求所有 27 部分的直升机强制安装。壳牌石油则在其合同中强制要求要加装 HUMS。1989 年 11 月，第一款认证的飞行数据记录器 HUMS 系统（特利丹—图尔特休斯系统）正式用于挪威的直升机服务。

作为工作的一部分，CAA 持续主办 HHMAG 的会议，截至 2005 年，已主办了 40 届会议。HHMAG 工作组至少产生了 4 份具有重大意义的技术报告：①关于直升机健康监视维修资质的报告；②关于使用资质的报告；③关于 HUMS 实现的报告；④与 HUMS 座舱指示含义相关的报告和推荐。第 4 份报告认为 HUMS 指示不受可靠性、性能和现今系统的适航认证支持。值得一提的是小组中的飞行员坚持其在任何情况或座舱告警下，绝不会故意将飞机迫降到北海中。在这些早期开发中间，CAA（circa 1998）提议 9 个以上，且飞经危险着陆条件（例如水面）的英国载客旋翼机，要强制安装 HUMS。此外，在新的飞机开发也要求将 HUMS 纳入到其认证设计评估中。CAA 报告的参考数据可参阅本章参考文献，遗憾的是仅有有限的报告拷贝可在公共领域中可见。CAA 关于直升机振动健康监视（Vibration Health Monitoring，VHM）的最新指南可参考 CAP 753（2012）。对于这些工作的适航管辖权因此被协调转移到欧洲航空安全局 EASA（2003），EASA 有 25 个成员国。EASA 的管辖权不包括工作规程。在设计基础上安装 HUMS 的要求并没有落实进 EASA 的适航要求中。而是单独通过国家管理机构应对敌对环境的操作规程强制推行 HUMS，敌对环境的定义可参见联合适航条例（Joint Airworthiness Regulation，JAR）3.480 条款。2005 年 7 月 1 日，挪威 CAA 要求强制安装 VHM 生效。

11.3.1 北海 HUMS 的研制教训

在系统研制期间若没有直升机 OEM 参与，无法获得维护保障和潜在的**资质**。北海运营商很快意识到 OEM 对运营商研制的系统只有很肤浅的知识，在其保障直升机模型的任何维护和适航倡议中都面临很大的困难。

HUMS 系统管理政策和程序对于获得系统增强的安全性效益不可或缺，并要求有额外的工作指南。1997 年，配装 HUMS 的 AS332L LN-OPG 在发动机高速轴失效后坠毁。安装在高速轴上的加速度计已超过 50 飞行小时不能使用。其他位置的加速度计数据指示出了抬升的趋势。这在 CAA 文档 CAP693（1999）中得到了解决，HUMS 带有重大系统缺陷的工作限制到 25 飞行小时。

应当注意 CAP 693 已被 CAP 753（2012）替代，且与 EASA 要求一致，不通过设计评估要求 HUMS。在保证措施少的区域安全着陆，要求继续作为操作规程执行 HUMS。

需要有正式的"北海 HUMS 要求规范"。显然 HUMS 功能性足以满足 CAA 条例要求，需要分别开发而不是在 HHMAG 文档中进行松散的证明。在多年工作后，壳牌和 HHMAG 编制了第一版 HUMS 规范。CAA 在 2005 年发布了 CAP 753，并作为推荐提交给 EASA。在 EASA 拒绝了一条 HUMS 的空白设计规程后，CAP753 再次于 2012 年进行了更新。

HUMS 下载频次。直升机传动链机械故障的发展通常在 10 到上百飞行小时的范围内。这一事实建立了增强 HUMS 安全性效益的基础，且形成了一份最大 25 小时最小设备清单的工作要求。尽管极为罕见和非典型，在数飞行小时内降级传播的事故确有发生。例如，因润滑快速丧失、最近的损伤或维护错误，出现了需要迫降的情形。用户、运营商和 HUMS 制造商强烈建议的工作推荐，坚持认为 HUMS 数据应当在每个合理的时机中（若可能在每次飞行后）进行下载和审查。

11.4 直升机 OEM 品牌系统

大约 1989 年前后，所有的直升机 OEM 都开始参与 CAA HHMAG 的工作，当时 CAA 认识到其需要国际社会的参与，也需要将 FAA 的旋翼机认证部纳入到委员会中。作为结果，FAA 的研究中心开始资助美国运营商的 HUMS 应用研究，以加速 HUMS 研发。贝尔直升机、波音、西科斯基、欧直、威斯特兰、奥古斯塔都参与了 HHMAG 的工作。OEM 开始着眼于配置其系统，增强安全性，减少工作费用。例如，图 11-1 演示了典型中型直升机传动链中可安装监视所有单载荷路径的加速度计和转速计位置。除已有的滑油碎屑监视、滑油压力、滑油温度、扭矩和 BIT 之外，表 11-1 演示了振动监视提供额外或冗余的监视情况，以认证直升机的适航性。这些图表及其讨论由 Augustin 提供（1998）。除了证明 HUMS 的技术要求外，也需要开发能够满足更广泛用户要求的系统。这些类型的实现考虑由 Augustin 等（1999）进行论述。

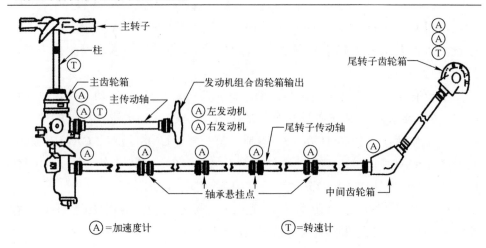

图 11-1 监视中型直升机单载荷路径的传感器典型安装位置

表 11-1 传动链诊断的振动分析增强（R 为冗余的，A 为附加的）

传动链/齿轮箱失效模式	监视/诊断方法					
	碎屑监视	滑油压力	滑油温度	扭矩	BIT	振动
齿轮：						
擦伤	×					R
麻坑	×					R
磨损	×					R
齿断裂						A
轮缘断裂						A
腹板断裂						A
偏心						A
轴承：						
压痕	×		×			A
麻坑	×		×			R
拖动力失效						R
保持架失效						R
润滑剂耗尽						R
不对中/错误装配：						
齿轮						A
轴承						A
轴						A

（续）

传动链/齿轮箱失效模式	监视/诊断方法					
	碎屑监视	滑油压力	滑油温度	扭矩	BIT	振动
轴不平衡						A
滑油泵失效		×				
滑油丧失		×				
润滑系统阻塞		×	×			
过应力				×		
监视系统					×	

除了HUMS的效益得到广泛认可，并在各种试用中得到演示外，HUMS要得到广泛应用仍面临巨大的障碍。系统仅在法规或由OGP用户要求时才安装。仍需要开展工作，克服所要求系统的费用和重量障碍，并取得显著的硬效益。这些障碍是HUMS技术社区的研究焦点，也已成为由澳大利亚国防科学和技术组织（Australian Defence Science and Technology Organisation，DSTO）、美国直升机国际学会（American Helicopter Society International，AHS）以及HUMS技术委员会等机构赞助的很多技术论坛的焦点。主要的障碍包括系统费用高，每架飞机1至2星期就需要改进，认证难、周期长，系统装机重量大，每日管理系统和数据的工作和保障费用，以及有限的能力增长或在无HUMS供应商完全支持下对系统进行优化。此外，每种飞机模型/HUMS型号都需要专门的地面站。

这一阶段开展了很多FAA赞助的研究和运营商试用工作。贝尔直升机、PHI直升机和特利丹—斯图尔特休斯的团队开展了很多研究和工作演示，以说明试用资质的方法和前景问题。涵盖这些工作的文献可从FAA的网站上下载。一篇早期由Augustin和Priest（1997）撰写的文章讨论了这样的问题。更详细的文献（Augustin 2004）展示了与FAA研究和贝尔使用资质系统BUCS匹配的系统架构和使用资质认证方面。

在20世纪90年代初期到中期，所有的旋翼机OEM都在进行HUMS的用户咨询，并处于系统的开发过程中。OEM与系统的费用和重量作斗争。在那时，大部分商用直升机都是模拟航电、没有数据总线，且不是单独的机载处理器。此外，刚开始在载客的中型直升机，尤其是超过9座的直升机上强制应用飞行数据记录器。北海HUMS的设计实际是综合的飞行数据记录器/HUMS，这是由于按照法规要求两个系统都需要配装。因此，除了 HUMS 处理单元和用于振动监视的加速度计外，飞机不得不考虑 FDR 重量和所有相关的电缆。出于这些原因，要在轻型甚至中型直升机型号上安装，建立典型业务案例是非常难的。此外，FAA 从未支持 CAA 制定 HUMS 的适航设计评估标准，故系统不得不发挥其自身潜力，增强安全性并提供维护效益。

尽管有障碍，为满足其 OGP 用户需求，所有 OEM 都研制了 FDR/HUMS 系统。Augustin（2000）讨论了向直升机增加最可承受诊断所涉及的系统考虑。新兴的军用 HUMS 市场也提出了类似需求。这一时段，加拿大空军 CFUTTH CF-412 直升机开展了最大规模的系统列装。在 1995 年到 1998 年之间，累计交付超过 100 架配装 HUMS 的直升机。Augustin 等（2001）讨论了这一计划的实现和成熟阶段。在这些直升机上还发展并执行了维护资质大纲，取得了令人赞许的成果（Augustin 和 Bradley 2004）。

近几年间，出现了功能和目标定位更精细、成本更低、重量更轻的系统。这些系统尽管功能不全面，但也取得了旋翼机 OEM 和运营商的支持。

发动机趋势监视系统（Engine Trend Monitoring Systems，ETMS）。该系统已投入使用较长时间了。其实际是首款列装的监视系统。陆续引入了很多低成本系统，并得到了发动机 OEM 例如普惠的支持。一些系统则专门配装用于缓解发动机质保滥用带来的后果。其他这种类型的系统也需要用于缓解 JAR 条款中的双发要求。也有其他系统提供了在配装非 FADEC 控制的直升机发动机上进行有限热启动的增值效益。

直升机飞行数据监视（Helicopter Flight Data Monitoring，HFDM）。直升机运营商已意识到通过政策和定期的培训活动，管理其有人驾驶机群的安全运行是不够的。为此，研制了低成本类似 FOQA 的系统。最新的 HFDM 系统也利用了低成本的微机电装置，可跟踪飞机的位置、三轴速度、加速度以及航向。总之，已研制出了使用这些 MEMS 技术的低成本飞行数据跟踪系统。一些系统也装有综合的座舱相机，可连续记录座舱仪表和控制位置的采样图像，允许进行飞行后分析。这一新系统不需要飞机传感器或设备接口，安装简单且成本低、重量轻。全球 HFDM 团体是一个致力于提供工作监视系统列装实现和经验，增强旋翼机安全工作和训练的专业组织。关于可用 HFDM 系统和应用指南的信息可参考 HFDM 网站（Global HFDM 2014）。

11.4.1 旋翼机 OEM HUMS 开发中的教训

HUMS 算法有重要的作用,但是令人吃惊的是其在整个 HUMS 效能中只有有限作用。若采集和阈值设置不合理,即使是最好的振动算法工具集也会无效。必须根据每个传动链部件的物理特征(例如,所有齿轮的转速和齿数)进行算法配置。算法仅产生状态指示值,而状态指示值取决于很多变量,包括传感器选择、传感器位置、数据采集期间飞行状态的紧密性、反映单架飞机报警(黄色)的阈值以及机群的告警等级(红色)。此外,也必须根据每架直升机的飞行和维护手册、飞行状态(例如巡航飞行、悬停)以及执行的任务等对 HUMS 进行裁剪。系统安装、加速度计位置、飞行数据采集状态的紧密性、阈值设置、机载和地面站构型管理等对于 HUMS 的有效性至关重要。应在系统安装后进行分析,优化数据和告警准确率,相关讨论可参考文献(Augustin 等 2001)。

HUMS 机载单元已设计为可改进适用于任意直升机模型。在现实中,若需要,其可安装并构型用于监视卡车、作战坦克或发电站。事实是,与每种飞机型号的系统详细构型相比,两个 OEM 使用同样的 HUMS 显得无足轻重。

混合不同旋翼机 OEM/HUMS 供应商的机队,运营商保障负担沉重。由于数据和结果的分布式处理,HUMS 机载系统和其相关的地面站必须要紧密耦合在一起。在需要强制安装 HUMS 后,这一问题对于北海直升机运营商是显而易见的。运营商保障并维护多种专门设计的地面站(每种直升机/HUMS 型号一个)是具有普遍性的,直到现在仍是如此。美国 NTRC/RITA(后来的 VLC)行业组开发了大量的 HUMS 接口标准,并通过 SAE 国际出版发布。Augustin 等(2002)讨论了这些标准相关活动的综述,SAE HUMS 接口标准(SAE AS5391,SAE AS5392,SAE AS5393,SAE AS5394 2002;SAE AS5395 2006)提供了更多的细节。不幸的是,大量军事运行商和商用用户原本应按照合同接受并执行这些标准,但是他们并没有这样做。今天,必须通过专门的数据库接口协议,才能将 HUMS 数据传输到上线的维护管理系统,这提高了所有用户的使用费用和复杂性。美国陆军已研究了这一问题,并正在基于 NASA 推荐的文件标准开发一种满足其需求的专门接口。

HUMS 系统不能轻易区分早期和间接状态指示器的变化。机械诊断系统无法得知其检测到的变化是否是部件降级、失效、有意或无意的维护操作、飞机或任务的变更或 HUMS 自身正在进行的软件更改等的结果。多数系统不会将维护管理系统与 HUMS 自动连接。在多数情况下，报警的查实工作费事费力。只有少部分系统发展了数据库间的密切连接，但这一过程很困难，且极需要新的工具以减少现行保障的压力。Augustin 和 Hess（2011）给出了一种有望建立数据变化关联性的系统案例。

数据采样率和滤波必须与预期使用匹配。确定飞机数据的正确采样率必须考虑很多因素。首先，采样率必须足够快，可跟踪每种参数。例如，通常垂直加速度（Nz）和扭矩比空速和滑油温度需要更快的采样率。飞行数据记录器要求的最小飞行数据采样率通常对于使用监视来说不够用。幸运的是，这一问题已在由 FAA 资助的一项 NASA 研究中得到了解决，这些推荐可参考陆军最新的视情维护指南 ADS-79（ADS 2013；AMCOM 2014）。

当传感器数据用于自动化并记录飞机超限时，会遇到另一个采样率问题。飞机飞行手册中的超限和其他认证限制，是在飞行员观测模拟飞行仪表基础上建立的。例如，飞行手册限制规定的 100% 扭矩不超过 1 秒，与仪表响应/阻尼和飞行员识别是相关的。HUMS 以 10Hz 记录原始传感器扭矩，可为没有技术数据的旋翼机 OEM，提供超限对最终适航的影响（或无影响）。认证大纲成本高昂、无法重复，经常没有支撑数据确定"多么高""多么长"等可接受的等效基础。显然，在模拟飞机上改进 HUMS 超限监视功能需要进行周全的考虑。

HUMS 数据有保存期限。前面已讨论了当前维护活动和飞机构型、甚至重新分配新任务都会影响 HUMS 报警和数据解译，理解到这一点是非常重要的。此外，HUMS 采集和阈值的构型可能已发生变化，例如发动机或传动等部件可能已串换，或 HUMS 机载/地面软件已更新等。因而，HUMS 数据的老化取决于使用节奏和系统的成熟度。在实践中，数据会老化，且若数据因任意前述原因导致基线发生变化，则数据也可能会产生误导。在服役期间，数据与任意特定对比相关的有效期可能也只有几个月。

11.5　美国 FAA

FAA 从其早期的介入开始就一直鼓励使用 HUMS，却并没有从法规角度这样做。FAA 没有给出强制性要求，却也不认可 HUMS 使用的适航资质。

针对HUMS的认证和维护资质的批准，FAA确实与CAA和行业代表合作研发了咨询材料。这一指南材料可参见FAA AC27-1B和AC29-2C，第3次更改，MG 15节，并于1999年与CAA指南一起联合发布。FAA/EASA工作组当前正在协调对其进行更新。现在，FAA的研究仍在继续。2013年，针对S-92与咨询通告的首份维护资质得到了批准。

在有限的序列号范围内，FAA同意给选定的S-92主旋翼桨毂调整一次寿命。因此，S-92是从FAA得到官方授权资质的首款型号，这只是一个开始。

11.5.1 教训

HUMS的维护资质仍然是有问题的。HUMS的安全性和经济效益在增强安全性、简化排故过程、机会维护安排、转子配平等领域已有大量文献记载。HUMS应用的维护资质审批主要受适航许可的时间、费用和复杂度等限制。参考同样的机载关键度标准研发货架地面站软件是非常困难的，并会导致开发者试图将所有的必要处理都在机载系统中完成。但是，这样做并不能减少审批健康或使用资质中的困难。通过手工检查或数据审查验证结果的能力已不再是考虑的选项。作为结果，今天主流在用的系统都是"无资质"系统。但在军用适航许可中确实存在例外。军事运营商（加拿大军队、美国陆军）批准了带有更低软件等级（通常是DO-178 D等级）许可的HUMS资质，允许通过其他手工途径缓解资质的申请和软件开发。

11.6 军事领域中的HUMS/CBM

到目前为止，军事领域直升机列装的HUMS比所有的运营商合起来都要多。大量的军用飞机都属于大型直升机类别，其中HUMS额外重量和费用的代价不是特别突出，且某种程度上可通过维护、完好率、可用度等潜在的效益进行抵消。英国国防部是HUMS的早期采纳者，其更大的意义是在20世纪90年代，新的立法基础出现后，王室民事豁免权被搁置，此时，英国改变了其工作安全中的追责和尽职调查法规。

在美国，海军首先开始在其直升机机群上改装HUMS。在其H1升级等现代化计划中也可见到集成并随飞机交付HUMS。不幸的是，系统的成熟需要大量 OEM 保障，但因缺乏经费，导致任务在服务上落败。海军上马了一项意义重大且令人钦佩的计划，以开发开放式系统架构的 HUMS，这使系统能够增加第三方的应用程序。海军正在积极使用这些系统，并在将 HUMS 数据集成进维护系统中开展了大量的工作。

美国陆军并行开展了大量的要求分析研究。由于陆军大量使用小型飞机，应用中更加强调高费效，因此，陆军投入研制了更小、更轻、复杂度更低的 HUMS。陆军初期将其命名为数字源采集器或 DSC。多年来，陆军一直在直升机 OEM、HUMS 供应商和行业的支持下开发视情维护的指南材料 ADS-79。这份文档涵盖了 CBM 所有方面，是一份非常宝贵的指南材料（ADS 2013）。

到 2012 年，美国陆军接近 80%的直升机机群约 3000 架飞机已配装 HUMS。陆军安装的系统由两家不同的 HUMS 供应商提供。这意味着陆军也有之前提到的问题，其不得不维护和保障两种不同的 HUMS 地面站，并在上传至系统时将数据转换为通用格式。

11.6.1 教训

英国国防部。正如之前指出的，英国国防部是 HUMS 的早期采纳者。其计划包括将 HUMS 安装到支奴干、海王、美洲狮、山猫直升机上。第一项工作是支奴干计划，于 1996 年签订合同。直到 2001 年，海王计划才开始实施。在支奴干计划期间得到了很多教训，Draper（2003）对其进行了阐述。其中少数最重要的包括：

（1）在订立合同或启动设计和安装前，验证接口控制文档的所有方面，进行认真的尽职调查，对于 HUMS 实现成功至关重要。纠正的时间和费用都令人吃惊。

（2）当机载系统列装时，确保 HUMS 地面保障系统完全开发完毕。确保下游系统能够处理要采集的数据量。作为这些地面保障难题的结果，有时只有系统的 FDR 部分是可工作的。

美国陆军。陆军视情维护指南 ADS-79（ADS 2013）提供了重要指南和教训的综合回顾。这一材料具有广泛适用性，在过去 6 年间，被政府工业部门的系列会议详细审查。从作战上看，这也反映了陆军视情维护的优先级。在 ADS-79 过程中得到的教训强调如下：

随着美国陆军向实现其视情维护战略迈进，维护资质的成功确认和验证极为重要。由于视情维护资质的确认和验证要求注意所有的细节，其与FAA和工业部门联合开发了计划和过程。这些要求过程最显著的案例包括：

（1）要求确认和验证方案清晰，确保资质批准的所有风险都得到评估，采取最优的路径，最小化研发费用。VLC（由政府支持的美国行业组）上马了一项行业工作，其中对于每项资质案例的最关键问题是确保在置信度水平和样本大小上达成一致，并满足资质的审批要求，Augustin等（2011）概要阐述了这项主要工作。ADS-79文档中也摘记了这项研究的主要过程。

（2）CBM的引入影响了很多军用适航过程和政策，必须进行技术上和程序上的协调。已有的条令没有说明HUMS所需的备用鉴定和维护过程。Rickmeyer和Wade（2012）讨论了这些重要的问题。

（3）每种类型的维护资质要求清晰理解所应用的HUMS技术和当前维护检查间隔的基础，后者一般由实践和可靠性为中心的维修过程分析确定。典型的资质案例是延长推进系统部件大修间隔时间。Richmeyer和Dempsey（2011）介绍了所涉及案例的细节。

（4）固定阈值技术在几乎所有列装HUMS系统中使用，管理困难，且不得不在早期故障检测率和最终虚警率之间进行折中。为解决这些问题，目前也正在研究一种自适应的改进过程，以保持虚警率不变。Wade等（2011）评估了一种这样的方法。

11.7　当前研究和近期发展

为支持国防部的增强型视情维护倡议，开发可集成到陆军机载HUMS系统机群中的技术，陆军航空应用技术局（Aviation Applied Technology Directorate，AATD）资助了很多研究项目。这些主要的研究倡议包括：作战支持和保障技术（Operations Support and Sustainment Technology，OSST）（2008-2010）、基于能力的作战与保障技术—航空（Capability-based Operations and Sustainment Technology-Aviation，COST-A）（2011—2013），以及旋翼机作战自治保障技术（Autonomous Sustainment Technologies for Rotorcraft Operations，ASTRO（2013—2015）。

Baker等（2009）提供了覆盖陆军OSST研究的概述。Andrews和Augustin（2010）讨论了在旋翼机系统视情维护这一挑战领域中的技术演示、结果和教训。很多其他近期的文章参考了这些跨度 8～9 年计划中的技术研发成果。并行的，陆军航空工程局资助更多的短平快项目，以从陆军大量列装的直升机机群中获益。

近来随着数字电子器件尤其是 MEMS 传感器领域的快速进步，为解决本章提及的大部分实现障碍提供了新的机遇。一个案例是基于数字 MEMS，将每个位置处的数字采集和状态指示器处理大部分工作嵌进了传感器自身，使用数字总线就能搭建简便可配置的监视系统。Bechhoefer 等（2012）提供了关于这类系统的介绍。

11.8 现行的技术数据源涵盖了旋翼机 HUMS 的所有方面

在很多专业论坛的论文集中收录了完备的技术论文，涵盖了旋翼机 HUMS/CBM 开发期间取得的其他重大进步和教训。下述列出的是一些最有用的技术来源。

AHS 国际。在超过 20 年间，年度的 AHS 论坛已赞助了多期 HUMS/CBM 技术会议。此外，AHS 红石分会每年都赞助适航、CBM 和 HUMS 专家会议——美国国际直升机协会红石分会和国际直升机联合会（Helicopter Association International，HAI）也共同赞助了一些会议。随着陆军持续向视情维护迈进，这一年度事件也为交流技术和教训提供了论坛。陆军代表、HUMS/CBM 研发人员以及来自商业旋翼机团体的代表出席 2～3 天的会议。AHS 网站上有更多细节。论文也可通过 AHS 网站 www.vtol.org 购买。

SAE 航空技术国际会议也赞助了飞行器综合健康管理的会议。很多这种会议现在都由 SAE HM-1 健康监视委员会赞助。更多细节可参考 SAE 国际的网站 www.sae.org。

在蒙大拿州大天空，IEEE（www.ieee.org）赞助了每年一度的航空航天会议，包含了多个由 AIAA 和 PHM 协会共同赞助的预测/诊断单轨分会。

澳大利亚 DSTO 赞助了每两年一次的 HUMS 会议（HUMSCOM）。第 8 届 HUMS 会议在 2013 年举办。CD 可从 DSTO 购买。2011 年和 2013 年的论文张贴在会议网站上，http://www.humsconference.com.au/HUMS2013_Papers.html。关于会议的信息可在 DSTO"事件"中的链接 http://www.dsto.defence.gov. au/events /6189/page/6977/访问。

PHM 协会赞助了年度 1 次的国际会议，涵盖了这一领域的所有工作，包括一些旋翼机的内容。所有论文可在 www.phmsociety.org 公开免费下载。

机械工程师研究所（the Institution of Mechanical Engineers, IMechE）赞助了旋转机械维护和诊断的论坛。英国 HUMS 开发中的一些原始源头也出自于这个论坛。

参 考 文 献

ADS. 2013. ADS-79-The Aeronautical Design Standard (ADS) for CBM, "Condition Based Maintenance Systems for US Army Aircraft Systems," ADS-79D-HDBK.

AMCOM Standardization Office. 2014. "AMCOM Current Aeronautical Design Standards (ADS)," http://www.redstone.army.mil/amrdec/rdmr-se/tdmd/StandardAero.htm, Accessed June 2014.

Andrews, James, and Michael Augustin. 2010. "Advanced CBM Technologies for Helicopter Rotor Systems—Full Scale Rotor Demonstration and Test Results," Presented at the American Helicopter Society 66th Annual Forum, Phoenix, Arizona, May 11-13, 2010.

Augustin, Michael J. 1998. "Specifying HUMS to Meet Enhanced Safety and Reduced Operating Cost Requirements," Presented at the American Helicopter Society 54th Annual Forum, Washington, DC, May 20-22, 1998.

Augustin, Michael J. 2000. "Diagnostics for Light Helicopters," Bell Helicopter Textron, Inc., Fort Worth, Texas. Prepared for the 2000 IEEE Aerospace Conference, Big Sky, Montana, March 18-25, 2000.

Augustin, Michael J. 2004. "FAA Report: Hazard Assessment for Usage Credits on Helicopters Using Health and Usage Monitoring System," July 2004. Report DOT/FAA/AR-04/19-available for public download, http://www.tc.faa.gov/its/worldpac/techrpt/ar04-19.pdf.

Augustin, Michael J., and Andrew Hess. 2011. "Global Data Fusion-Making Diagnostic Data Relevant," Presented at the American Helicopter Society 67th Annual Forum, Virginia Beach, Virginia, May 3-5, 2011.

Augustin, Michael J., and Gary D. Middleton. 1989. "A Review of the V-22 Health Monitoring System," Presented at the 45th AHS Annual Forum, Boston, MA, May 22-24, 1989.

Augustin, Michael J., and John D. Phillips. 1987. "The V-22 Vibration, Structural Life, and Engine Monitoring System, VSLED," SAE Paper 871732, The SAE AeroTech Conference,

Long Beach California. SAE International: Warrendale, PA.

Augustin, Michael J., and Thomas B. Priest. 1997. "The Certification Process for Health and Usage Monitoring Systems," Bell Helicopter Textron, Inc., Fort Worth, Texas. Presented at the American Helicopter Society 53rd Annual Forum, Virginia Beach, Virginia, April 29-May 1, 1997.

Augustin, Michael J., Andy Heather, and Lt. Col. Harley Rogers. 2001. "Implementing HUMS in the Military Operational Environment," Presented at the American Helicopter Society, 57th Annual Forum, Washington, DC, May 9-11, 2001.

Augustin, Michael J., James D. Cronkhite, and Robert D. Yeary. 1999. "In Search of a Common HUMS-Meeting Military and Commercial Requirements," Bell Helicopter Textron, Inc., Fort Worth, Texas. Presented at the American Helicopter Society, 55th Annual Forum, Montréal, Quebec, Canada, May 25-27, 1999.

Augustin, Michael, Samuel Evans, Terry Larchuk, Praneet Menon, Robert Robinson, and Jack Zhao. 2011. "Verification and Validation Process for CBM Maintenance Credits," Presented at the American Helicopter Society 67th Annual Forum, Virginia Beach, VA, May 3-5, 2011.

Augustin, Mike, and Scott J. Bradley. 2004. "Achieving HUMS Benefits in the Military Environment-HUMS Developments on the CH-146 Griffon Fleet," Presented at the American Helicopter Society, 60th Annual Forum, Baltimore, Maryland, June 7-10, 2004.

Augustin, Mike, Robab Safa, and James Rozak. 2002. "The RITA Health and Usage Monitoring System Open Architecture Initiative, and Demonstration," Presented at the American Helicopter Society 58th Annual Forum, Montréal, Canada, June 11-13, 2002.

Baker, T., B. Thompson, C. Ferrie, M. Augustin, and D. Yeary. 2009. "Operations Support and Sustainment Technologies for Current and Future Aircraft," Presented at the American Helicopter Society 65th Annual Forum, Grapevine, Texas, May 27–29, 2009.

Bechhoefer, E., M. Augustin, and M. Kingsley. 2012. "Architecture for a Light Helicopter HUMS," Presented at the American Helicopter Society 68th Annual Forum, Fort Worth, TX, May 1-3, 2012.

CAP 693. 1999. Acceptable Means of Compliance Helicopter Health Monitoring, CAA AAD 001-05-99. Description: Provides operators with the basis for an acceptable means of compliance with AD 001-05-99 which was issued by the CAA in 1999. This made monitoring systems mandatory on UK -registered, Transport Category helicopters with a capacity of more than nine passengers. The AD does not apply to BCAR 29 or JAR-29 certified helicopters. (Status: Superseded on 3 September 2010).

CAP 747. 2012. CAP 747 Mandatory Requirements for Airworthiness [December2012] Description: CAP 747 now provides a single source of mandatory information for continuing airworthiness as issued by the CAA. Airworthiness Directives for Annex II aircraft published in CAP 476 are now included, those Airworthiness Directives issued by EASA have been removed and are available on the EASA website. Paper copies of the entire document and individual amendments are available for purchase from The UK Stationery Office. TSO (The Stationery Office).

CAP 753. 2012. CAP 753: [August 2012] Helicopter Vibration Health Monitoring (VHM) Guidance Material for Operators Utilizing VHM in Rotor and Rotor Drive Systems of Helicopters.

Dousis, D., and B. O'Donnell. 2002. "V-22 Tiltrotor Aircraft Vibration Monitoring from Design to Field Operations," Prepared for the 2002 IEEE Aerospace Conference, Big Sky, Montana, March 9-16, 2002, IEEEAC Paper No. 429.

Dousis, D., L. Giles, R. Hale, and T. Priest. 1999. "V-22 Drive Train Vibration Monitoring System Ground Station Development," Presented at the American Helicopter Society 55th Annual Forum, Montréal, Quebec, Canada, May 25-27, 1999.

Dousis, D., M. Strohmeyer, and E. Wilson. 2011. "V-22 Ground Station Enhancements and Vibration Diagnostics Field Experience," Prepared for the 2002 IEEE Aerospace Conference, Big Sky, Montana, 2011.

Draper. 2003. "The Operational Benefits of Health and Usage Monitoring Systems in UK Military Helicopters," Presented at the 2003 Australian DSTO HUMS Conference.

Global HFDM Community. 2014. "HFDM, Helicopter Flight Data Monitoring," http://www.hfdm.org/, Accessed June 2014.

HHMAG. 1997. "Helicopter Health Monitoring Advisory Group Working Group Reports: Helicopter Health Monitoring Maintenance Credits, Usage Monitoring, and HUMS Implementation," By the United Kingdom Helicopter Health Monitoring Advisory Group (HHMAG). Available from British Library Document Supply Centre-DSC:m02/15266 in the United Kingdom. At times, hard copies are available via the internet on Amazon.

Richmeyer, T., and P. Dempsey. 2011. "Processes & Considerations in Extensions to Time Between Overhauls and Paths to On-Condition for US Amy Rotorcraft Propulsion

Systems," Presented at the American Helicopter Society Forum, Virginia Beach, VA, May 3-5, 2012.

Rickmeyer, T., and D. Wade. 2012. "Military Airworthiness for CBM and HUMS: Processes, Policies, Qualification Standards, and Testing for US Army Rotorcraft Propulsions Systems," Presented at the American Helicopter Society Specialists Meeting, Huntsville, AL, Feb. 11-13, 2012.

SAE AS5391. 2002. SAE Standard AS5391A Health and Usage Monitoring System Accelerometer Interface Specification. 12 Dec 2002. SAE International: Warrendale, PA.

SAE AS5392. 2002. SAE Standard AS5392A Health and Usage Monitoring System, Rotational System Indexing Sensor Specification. 12 Dec 2002. SAE International: Warrendale, PA.

SAE AS5393. 2002. SAE Standard AS5393 Health and Usage Monitoring System, Blade Tracker Interface Specification. 12 Dec 2002. SAE International: Warrendale, PA.

SAE AS5394. 2002. SAE Standard AS5394 Health and Usage Monitoring System, Advanced Multipoint Interface Specification. 22 Feb 2002. SAE International: Warrendale, PA.

SAE AS5395. 2006. SAE Standard AS5395 Health and Usage Monitoring System, Data Interchange Specification. 23 June 2006. SAE International: Warrendale, PA.

Wade, D., K. Pipe, and S. Krick. 2011. "Constant False Alarm Rate (CFAR) AutoTrend Evaluation Report," U.S. Army RDECOM Technical Report RDMR-AE-11-01, Approved for public release.

第 12 章　以色列空军 THUMS 和 CBM 教训

雅各布·波特曼，本·古里安大学

12.1　背景

早在 1994 年，Elazar 和 Bortman（Elazar and Bortman 1994）就已定义了在以色列空军（Israeli Air Force，IAF）机群实行 HUMS 能力的强烈需求和潜在价值。在这些文章中，提出了基于机载监视系统发展健康监视能力的基本指南。尽管技术上已经取得了巨大的进步，但是时至今天这一愿景仍未能实现。本章首先给出了初始的愿景，接着通过阿帕奇计划的一些案例，展示了取得的进展，最后，讨论了得到的教训和更新后的愿景。

12.2　以色列空军故事的开始——"启动"愿景

20 世纪 90 年代末，在经过一些基本的试用后，IAF 决定拓展 HUMS 的功能。军方深知定义恰当最优的维护政策至关重要。其主要的驱动器是改善飞行安全的压力，并竭力采用先导式方式抑制事故征候和等级事故，也期望能够改善机群的完好率。很显然，当前的维护政策太保守且缺乏优化。研究表明多数直升机系统（发动机、结构、电气等）是实施视情维修的相关备选对象。首先选择了动力学部件。

研究发现，相对而言，动力学部件故障是直升机事故的根本原因之一。此外，飞行中队在隔离机械系统故障、更换很多昂贵的部件中，花费了令人难以接受的大量维护小时数、地面和飞行时间，且未必找到了正确的原因。假设维护政策存在大改的可能性，这有望减少机群的停机时间并节省大量的备件费用。

众所周知，IAF 的飞机需要在相当苛刻的作战环境中工作。这更进一步强调了安装机载健康监视系统，引入视情维护概念的需求。

定义了两种主要的方式：

（1）单机跟踪（Individual aircraft tracking，IAT）。自动跟踪限寿部件，根据实际的单机使用，而不是最差情况下的保守使用估计进行退役。定义了开发飞行状态识别算法的需求。

（2）诊断和预测。根据一项演示计划，决策指出振动分析应当是健康监视的主要工具。评估决策主要依据机载安装的振动传感器网。

图 12-1 表示寿命消耗与时间或工作小时之间的关系。其潜在价值是清晰地识别出早期失效，如图中红色的箭头所示。此外，另外的潜在价值是通过不过早的拆卸部件，节省大量的费用，如图中绿色的箭头所示。显然，供应商会在备件销售上失利（蓝色线和绿色线之间的差异）。

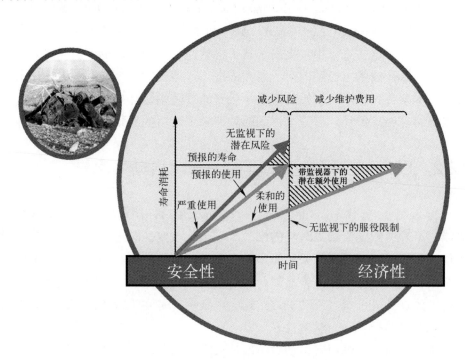

图 12-1　寿命消耗与时间或工作小时关系

12.3　阿帕奇 THUMS——首个全尺寸计划

本章介绍了 IAF 在阿帕奇直升机中通过安装机载监视系统开发先进的维

护方法所开展的活动。基于跟踪和平衡设备,开展了多年学习和室内跟踪后,针对 AH-64A 阿帕奇直升机机群启动了一项完整的计划。计划包括开发并集成完全健康和使用监视系统(Total Health and Usage Monitoring System,THUMS),该系统由以色列一家本土公司 RSL 电子有限公司开发制造(RSL 2013)。在 RSL 成功完成演示计划,证实达到了 IAF 要求和 THUMS 能力后,项目得到了军方的认可。

系统规范包括下述在飞行期间实时实现的主要模块:
(1)自动转子跟踪和配平调整。
(2)完成直升机动力学组件和发动机实时飞行中诊断和退化趋势。
(3)机载发动机性能分析。
(4)飞机性能计算。
(5)通过多功能显示屏向驾驶舱飞行员显示上述模块的结果。
(6)这些能力如图 12-2 所示。

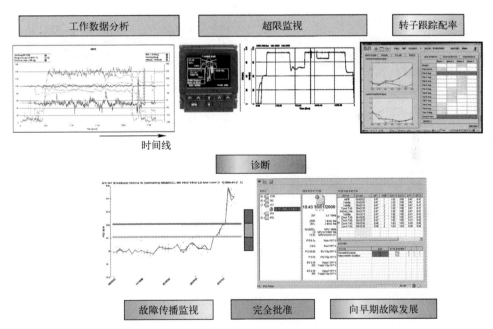

图 12-2 THUMS 模块

12.3.1 THUMS 架构

图 12-3 展示的是 THUMS 架构,由机载和地面系统构成。机载系统由下

述部分组成：

（1）主要处理单元，负责记录并处理飞机数据。

（2）传感器，由振动、转速、温度传感器组成，并通过飞机硬线连接到主要处理单元。

（3）驾驶舱安装的多功能显示屏，用于向机组人员显示 THUMS 的指示信息。

地面系统由下述部分组成：

（1）综合飞行外场系统，用于数据下载，机载数据显示，外场处的 THUMS 记录和分析数据显示，优化的转子跟踪和配平（Rotor Track and Balance，RT&B）调整计算。

（2）地面站，支持直升机机群、选定的直升机、直升机组件、选定的动力学组件和发动机部件的健康管理。

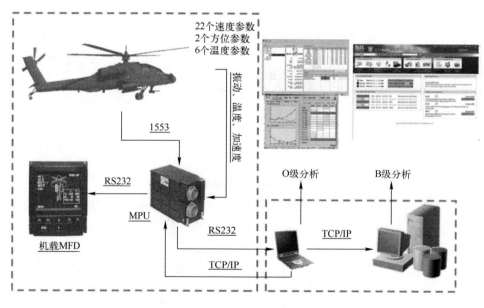

图 12-3　THUMS 基本架构

12.3.2　数据流

诊断过程（C-B4 2013）从飞行期间预先定义飞行状态下记录的原始数据开始。在飞行中，THUMS 实时获得这些数据，自动进行诊断决策，并在直升机着陆时立即清晰的向维护人员提供。所有可能的机群健康和维护管理用户都可以通过 IAF THUMS 数据网络获得直升机的机群健康状况、维护状态显示和管理能力。数据从外场技术人员，通过中队指挥官，上传到 IAF 总部的工程专家和作战指挥官。

12.3.3 飞行状态识别

THUMS 地面站当前可识别阿帕奇直升机超过 100 种不同飞行状态（图 12-4）。根据 THUMS 机载部分在飞行期间记录、下载到地面站的数据，识别每个架次飞过的所有飞行状态，每个架次按照每架直升机的尾号，以及特定机尾号下所有飞过的架次进行单独累计。这一能力已由 IAF 测试，飞行状态识别演示准确率超过 95%。

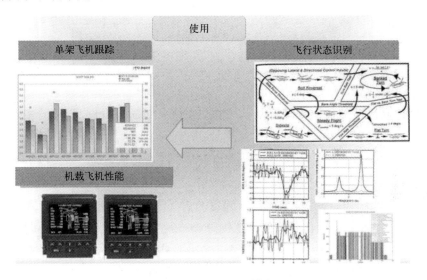

图 12-4　THUMS 模块

进一步开发自动飞行状态识别和累计能力将有助于评估、比较每个机尾号直升机的总应力和疲劳情况。也可通过合理分配任务，帮助 IAF 均匀化不同直升机之间的累计应力和疲劳。

IAF 启动了一项研发计划，旨在发展新能力，允许根据 THUMS 记录的工作数据调整动力学和飞机结构部件（当前依据的是理论工作谱）的维护策略、根据直升机实际工作谱（Mintz 等人 2012；Dempsey 等人 2010）调整维护策略。这一概念演示如图 12-5 所示，与图 12-1 类似，但是现在这一概念则用于每个动力学部件的损伤率累计。将这一研究成果集成到空军的维护策略中将进一步改善安全性和经济效益。

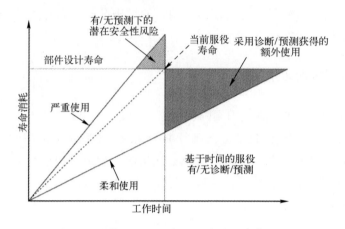

图 12-5 基于假设和实际工作谱的寿命消耗

12.3.4 阿帕奇 THUMS 性能

IAF 通过评估每个系统模块的性能，监视 THUMS 已成熟的阶段性能。诊断模块性能的评估需要对其实际结论进行验证，这意味着需要分解指定的失效或退化部件，并进行详细的损伤检查（目视或其他）。这一过程相对昂贵，减少了直升机的任务完好率，是直升机作战中队中相当大的一项负担。9 个月期间采集数据的告警严重程度（包括分类）如图 12-6～图 12.8 所示。在图 12-6 中，告警按绿色、黄色、红色分类，其中黄色是告警、红色是危急状态。图 12-7 进一步说明了这些告警有多少是实际正确的，图 12-8 是按照外场可更换单元的报警分类。

LRU 的退化跟踪当前是通过检查并分析被监视组件每个健康指示器（Health Indicator，HI）的趋势线完成的。趋势行为随时间及其变化趋势将主导采取的维护决策，或者拆除 LRU 或继续跟踪趋势行为。

图 12-9 和图 12-10 所示为不平衡和不对中失效模式的两种不同类型 HI 的趋势线。两种 HI 的趋势如图 12-9 所示。在特定情况下，经过趋势分析后，在 THUMS 红色报警后，需要决策立即拆除退化的 LRU。图 12-10 所示的趋势线显示中间轴不平衡量增加，之后，IAF 技术人员执行维护活动并对其进行配平（H1 在 2012 年 8 月附近突然减少，由箭头显示）。为进一步查明原因，

持续跟踪不平衡的再次增长，其数值在数个月后超过黄色告警阈值。

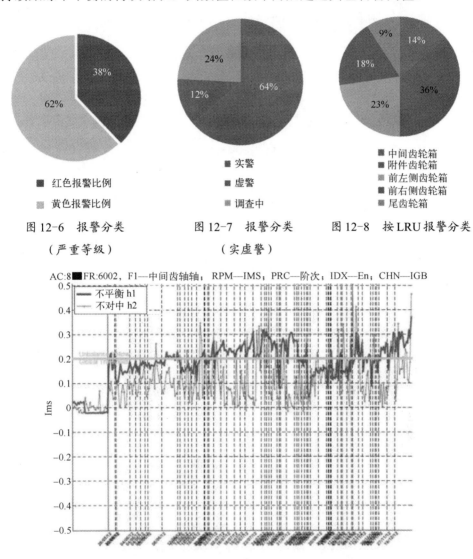

图 12-6　报警分类
（严重等级）

图 12-7　报警分类
（实虚警）

图 12-8　按 LRU 报警分类

图 12-9　由 THUMS 执行的趋势分析案例

12.3.5　成功案例

阿帕奇中队积累的经验显示 THUMS 为非常有效的工具。机组人员也使用详尽的各种飞行参数记录能力研究工作中的各种的活动。图 12-11 所示为由系统检测到的几个重要异常事件，例如发动机超限跟踪等。

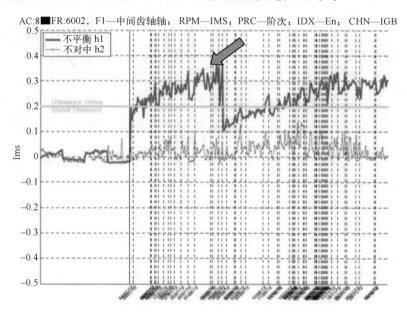

图 12-10　组件拆除在 HI 上的反映案例

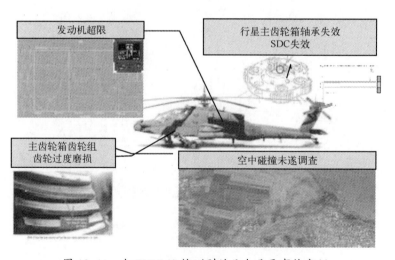

图 12-11　由 THUMS 检测到的几个重要事件案例

12.3.6　诊断事件

图 12-11 展示的是主齿轮箱齿轮组失效事件。齿轮组件如图 12-12 所示。

图 12-13 所示为左侧齿轮组的 HI 趋势。在这个案例中，图中所示为齿轮组三个齿轮的 HI 调制值。可见前继动齿轮（lcgmr+lngsr）的调制值比其他两个齿轮（lcgmr+lcgsr 和 lcgmr+la1sr）的调制值要高。

图 12-14 给出的是感兴趣频率阶次指示的复数谱图像。在图中，可见被监视的侧波（Side Band，SB）幅值围绕在齿轮啮合（Gear Mesh，GM）频率附近。此外，还可见伴随着监视齿轮啮合频率附近的侧波，侧波之间的背景频率也增加了。

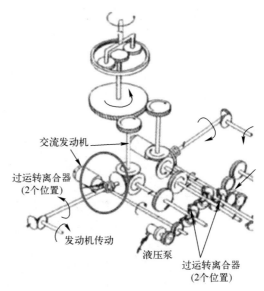

图 12-12 主齿轮箱左齿轮组

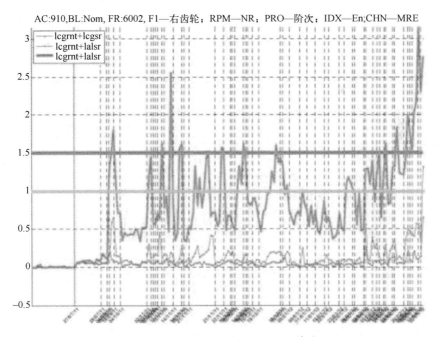

图 12-13 左齿轮组齿轮的 HI 趋势线

尽管阿帕奇 THUMS 表现不俗，当前的经验表明仍有进一步调整 THUMS 严重度等级的关键需求。当前设定的红色报警值过于保守，当出现该报警时需要立即终止任务或立即采取维护措施。IAF 也期望 THUMS 能够辅助其决策从当前的预防性维修发展为视情维护。下一节将探讨这一问题。

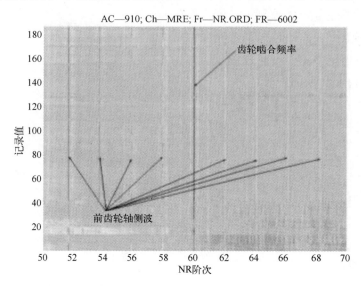

图 12-14　齿轮啮合频率附近的侧波

12.4　视情维护

任何 HUMS 计划的主要目的都是能够通过应用视情维护概念，提高飞行安全性并减少飞行小时费用。空军已为视情维护发展了一种通用的方法。形成视情维护能力的步骤如下：

（1）映射并对部件进行优先级排序：飞行安全问题、经济性考虑和其他。

（2）理解维护策略的原因：OEM 推荐、过去的经验以及当前维护策略背后的逻辑。

（3）潜在部件失效的机理:疲劳、运动部件磨损、过热、泄漏等。

（4）选择失效机理早期检测的正确技术：振动诊断、疲劳单工作谱识别、能谱、燃烧的速率控制、碎片或类似问题。

（5）已开发工具的确认：种植故障试验、飞行小时累计；数据和模型驱动。

（6）外场实现的诊断和预测方法开发。

（7）维护策略调整。

不幸的是，直到今天，甚至都没有一个飞行安全关键部件是完全使用视情维护进行维护的。主要是由于 THUMS 的置信水平很难达到，再加上航空工业本来就非常保守，在维护策略的进步上举步维艰。直到今天，高层管理者也未能痛下决心，采取强硬决策切换到视情维护。看起来这一概念尚未足够成熟。

12.5 教训

THUMS 的研制和部署阶段得到了下述结论：

（1）HUMS 研制阶段。IAF 开始并没有意识到应将 THUMS 计划定义为一项螺旋式研制计划，对 THUMS 性能进行适应和升级以满足 IAF 要求，而不是一个货架系统的直接采办。

（2）THUMS 的原始愿景方向正确，但是过于模糊。从今天看技术无疑是完全可实现的，但当时并不是足够成熟。

（3）THUMS 不仅是引入到机群的一项新概念或一个新系统，其对很多方面都会产生重要影响，需要有深度的文化转型过程。此外，还必须备好能够接纳新概念的运行人员以及维护人员。

（4）当系统稳定、可靠时，应当在机群批量装备。虚警会导致用户丧失对系统的信心，例如，若在飞机着陆后，被更换部件最终发现是健康的，此后，系统的报警则会经常被忽视。

（5）OEM 和 THUMS 开发商之间内在的紧张关系。OEM 拥有机械系统的技术信息，但是不愿意帮助开发 THUMS 系统，这是由于 OEM 会因此损失备件方面的利益。在开发任何 HUMS 系统中，应当采取适当的措施减少这一固有风险。

（6）规范问题。①"超越规范。"跟很多开发项目一样，用户需要针对新的 HUMS 系统，定义一项规范，当中包含了一厢情愿的想法，并可能涉及新技术的研究和开发。另一方面，预算总是有限的。有限的预算和要求之间的紧张关系对于项目来说是一项关键风险。②拙劣的要求定义。HUMS 概念是唯一的。有一支理解这一方法论的资深工程师团队非常重要。没有经验的规范开发者会提出不清楚的要求。这会给 HUMS 系统的制造商带来额外的工作，并会严重影响开发阶段的持续时间。在很多情况里，都是目标不清楚或定义不完备的。在这种情况下，开发者可能会在错误的方向浪费精力。

（7）谁是用户？在 HUMS 的开发期间，IAF 包含了很多用户。技术人员、飞行员以及工程师都对系统感兴趣，并竭力使最后的结果满足各自的需求。定义谁是用户、如何集成其需求非常重要。

（8）言过其实的期望。HUMS 用于解决很多难题：外场技术人员负担过重、备件短缺、飞行安全问题等。当系统初始列装时，很多用户可能发现承诺的能力不成熟或者根本不可用。在开发阶段，需要对所有相关机构的期望进行适当地管理。

（9）系统工程。HUMS 是一个复杂的系统，集成了来自不同机载源的实时数据。以专业方法建立并管理系统的架构非常关键。在飞行期间以实时方式做哪些工作，在地面做哪些工作；哪些应当推送给机组人员，哪些推送给技术人员等都是非常关键的。

（10）做或者买。多家公司正在开发 HUMS。小规模的机群用户可能会考虑采购一套国际化的系统，获得立竿见影的效果，并在运行中快速成熟系统。相对比，本土开发的系统具有很好的灵活性可进行裁剪，但是成熟过程较为漫长。

12.6　新愿景

12.6.1　改进的建模能力

为减少虚警，减少新的失效模式算法开发的时间和工作量，应考虑使用改进的建模工具。这些模型应考虑缺陷或退化的影响，产生模拟真实或"无噪声"的时间历史，研究传递函数效应和最佳的传感器布局，并支持带有物理先验知识的经验方法研究、支持对几何加工和装配参数的敏感性研究。最后，模型应当用于开发适用于不同失效模式、更加可靠的状态指示器，以实现可靠的故障尺寸和位置估计。

12.6.2　改进的传感能力

为改进健康预报的可靠性，应当开发更好的传感能力，并将其嵌入现代机械装备内部的关键区域。这一改进的传感能力可采用裁剪的 MEMS 传感器甚至纳米技术。改进的传感应当可减少虚警的数量，并最终帮助突破所需的视情维护方法。

12.6.3 改进的预测工具

必须改进决策制定过程。在更好的预测工具基础上，建立可靠的严重度评价标准至关重要。应当针对每种相关的失效模式建立损伤的传播工具，从而建立预报的方法工具。有了这些改进预测工具的助力，视情方法才更可能取得成功。

12.6.4 数据挖掘

当与直升机工作数据协同分析时，相信在 THUMS 记录数据基础上改进的数据挖掘能够有效发现异常。

12.7 本章小结

本章详细介绍了以色列空军从 1990 年原始愿景到现在形成 THUMS 和 CBM 能力的实现和教训。THUMS 技术是飞机不可或缺的重要部分。这一能力允许"通过放大镜"观测飞机关键系统的退化机理。应当指出，即使 THUMS 技术当前是一项相当成熟的产品，但在调整严重度等级，以及更好的解译和理解不同直升机部件退化模式方面仍有很多工作要做。建议吸收这些教训，并在未来的 THUMS 计划中主动作为。为达成这些所述目标，以色列空军将继续研发活动，为实现更高费效的视情维护、更好的任务完好率和更好的直升机机群飞行安全水平铺平道路。

12.8 致谢

作者非常感谢以色列空军（特别感谢 Alex Kushnirsky 少校）的大力协助以及 Ian Jennions 教授的宝贵评论。

参 考 文 献

Bortman, J., and Y. Elazar. 1994. "MECSIP-Mechanical Equipment and Subsystems

Integrity Program," The 25th Israel Conference on Mechanical Engineering, May 1994, pp. 52-54.

C-B4. 2013. "C-B4, Pattern-Based Predictive Analytics," Website: http://www.c-b4.com, Accessed 2013.

Dempsey, Paula J., David G. Lewicki, and Dy D. Le. 2010. "Investigation of Current Methods to Identify Helicopter Gear Health," NASA.

Elazar, Y., and J. Bortman. 1994. "Helicopter Dynamic Components Health and Usage Monitoring," The 25th Israel Conference on Mechanical Engineering, May 1994, pp. 51-52.

Mintz, L., I. Gur, and M. Tekhniyon. 2012. "Tolerance-Based Regime Recognition Algorithm Methodology (RRA) for AH64," 1:52, Israel Annual Conference on Aerospace Sciences, pp. 710-717.

RSL Electronics Ltd. 2013. Website: http://www.rsl.co.il/, Accessed 2013.

第 13 章 霍尼韦尔的 IVHM 发展简史

丁卡尔·米劳拉斯瓦米，霍尼韦尔国际

13.1 引言

霍尼韦尔在综合健康管理中发挥了主导作用，从早在 20 世纪 60 年代末开始，为美国空军开发地面诊断测试设备，以解决 F-16 机群飞行控制系统（Flight Control System，FLCS）内的未发现故障问题。广义上讲，霍尼韦尔在健康管理中的产品可追溯到下述反映不同领域的三个里程碑（20 世纪 90 年代）：

（1）波音 777 上的机载维护功能，引入了基于模型的诊断概念，并自 1995 年起入役（Ramohalli 1992）。

（2）异常状态管理协会在 1994 年成立，将霍尼韦尔与 7 个主要的石化公司联系在一起（Petrick 等 2006）。

（3）振动管理增强计划（Vibration Management Enhancement Program，VMEP，约 1993 年），是美国陆军直升机问题预报研究的先锋（Grabill 和 Grant 1996）。

从事后看，这三个里程碑同时在霍尼韦尔的 IVHM 历史中出现并不意外，或许这也是霍尼韦尔长期将诊断和健康管理作为主流工程功能发展的重要证据。在过去的 20 年中，霍尼韦尔在航空航天和流程工业领域的 IVHM 研发和进步中投入了大量的资源。本章的目标是简要的回顾这些进步。13.2 节介绍了精选的四个案例，以演示 IVHM 解决方案的广博之处。本章的观点主要是基于二十多年的研发经验和 13.3 节归纳的一些新兴发展趋势。

13.2 产品案例和解决方案

大体上，霍尼韦尔内的 IVHM 产品和解决方案分类如下：

（1）运行保障产品—主要瞄准提高装备的在线时间，最小化工作中的效率低下，并保持安全性。

（2）售后计划—主要瞄准维护服务计划、质保计划和部件改进计划。

13.2.1 健康和使用监视系统

振动管理计划扩展了由 Chadwick Helmut（一家霍尼韦尔公司）在 20 世纪 70 年代开创的传统健康监视和使用功能，包括下述功能：

（1）转子修匀：通常称为转子跟踪和配平，这项功能通过一次跟踪和持续的振动监视，最小化主旋翼和尾旋翼的振动基础谐波。

（2）传动链诊断：对所有传动链部件（传输、高速输入、辅助传动、尾—旋翼驱动轴悬挂轴承、中间机匣、尾—旋翼机匣）进行基于加速度计的监视。

（3）振动扫频：系统可执行通用的振动扫频测量（计算谱信息）进行异常的振动诊断。扫频可由空乘在飞行后分析的任意时刻触发执行。图 13-1 是 AH-64A 飞机 HUMS 的主要组成部分。

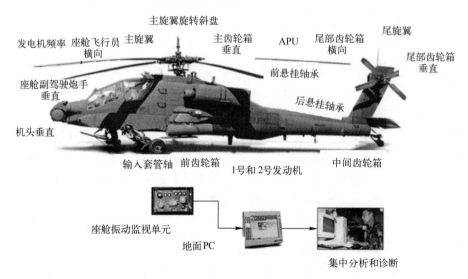

图 13-1　AH-64A HUMS 构型

HUMS 的目标是减少非计划内的维护和完成维护活动所需的维护测试飞行。这一系统的目的是在工作飞行活动中采集直升机主要部件的振动环境而不给机组增加额外的工作负担。振动数据由嵌入式系统分析，产生特定的机械健康指示器集合。这些指示器存储用于在飞行后由飞机维护人员使用。将维护操作与这些健康指示器关联，通过清晰的沟通，规划采取措施。

霍尼韦尔的 HUMS 功能组成部分包括：

（1）机载数据采集和处理：采用通用的硬件和软件系统，支持产生并列装各种机载数据采集和处理系统。系统也包括：三个通用 CPU；输入加速度计数据的可配置通道，每通道 24-bit A/D，最大采样率可达 196kHz；多转速计通道；模拟输入；USB, RS 232/485, ARINC 429 连接器。

（2）地面站：与机载系统耦合、基于 PC 的地面站（PC-Based Ground Station，PC-GBS）。PC-GBS 为高级用户和工程师提供了一整套分析工具。PC-GBS 存储从机载系统接收的数据，分析数据，确定是否存在超限，通报超限并明确纠正维护措施（由自身产生或连接到批准的维护手册上）。地面站能够连接到外部的互联网系统（SQL 服务器）进行存档和趋势分析。

（3）PC-GBS 图形化用户接口（Graphical User Interface，GUI），设计用于外场级维护人员和飞行员。PC-GBS 提供了高效的工作/过程流。图形显示提供了清晰的数据表达，预期无需大量培训就能够被维护人员理解。

（4）数据库设置工具：机载数据系统和 PC-GBS 的构型都需使用数据库设置工具控制。这一工具由工程师和外场保障人员使用，以设置和配置整个系统。设置工具有很多部分，允许工程师能够完全控制数据的采集和处理。

霍尼韦尔的 HUMS 已在多种直升机型号上列装，表 13-1 列出了一些案例。到现在，HUMS 被美国陆军航空维护人员主要作为助手使用。Grabill 等（2002）提供了结果和性能有效性的总结。随着飞机更多的与地面系统连接在一起，其在任务规划和战术决策制定中发挥的作用日益提高。HUMS 解决方案和功能在霍尼韦尔内取得了长足稳定的进步。一个特殊的方面是用于发动机诊断和功率评估。准确功率评估对于确保功率可用、提高任务成功率至关重要。现在这项功能已在 HUMS 内实现，并可作为可选的 IVHM 功能。另一项 HUMS 功能是滑油金属屑监视。颗粒计数和质量速率可作为轴承和齿轮失效的可靠预测指示器。这种解决方案也已在 HUMS 实现，可作为可选的 IVHM 功能。

表 13-1 霍尼韦尔 HUMS 直升机平台

西科斯基	H60, S70, S76
贝尔	OH58D, 206, 212, 407, 412, 427, 430
波音	CH 46, CH47, AH64

	（续）
奥古斯塔	109, 119, 139
欧直	AS350, AS365, EC135
卡莫夫	KA32

13.2.2 流程装备监视

异常状态对美国石化行业的平均影响约为 200 亿美元（Nimmo 1995）。异常状态管理协会（Abnormal Situation Management Consortium，ASMC）由7个大的石化公司、3所大学以及霍尼韦尔组成，在美国国家标准化和技术研究所（U.S. National Institute of Standards and Technology，NIST）支持下启动来共同解决这一问题。协会的目标是开发协同决策支持系统，可帮助减少非预期流程错乱导致的减产、装备损伤、环境污染和人员伤害或致死。异常状态、技术和解决方案的系统化研究实际上由 ASMC 领衔，并将 IVHM 带入霍尼韦尔流程市场成为令人瞩目的焦点。霍尼韦尔在流程工业中的 IVHM 解决方案体现为面向操作员的异常状态管理建议，以及面向维护人员减少装备停机时间的维护助手。解决方案由三个主要组成部分构成，如图 13-2 所示。

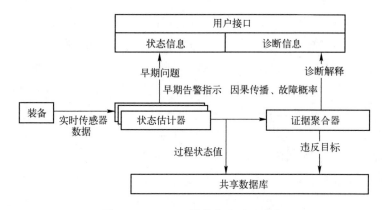

图 13-2 石化厂的装备和流程监视

（1）状态估计器将大量分布式控制系统（Distributed Control System，DCS）可用的传感器数据约简为反映当前状态的相对少量流程变量。

（2）证据聚合器解译当前多个流程状态的值，提供关于因果关系传播、根本原因分析和状态严重度的诊断解释。

（3）向运行人员推送信息的用户接口。

状态估计器的主要功能是将大数据集约简为更小维数或建立状态指示器。典型的小型石化装备可包含数千个传感器。反馈循环、共享程序以及再生循环使得建立第一原理模型不太现实。因此，优选的方法是通过经验得到多个变量之间的关联关系、变量的时间形态以及传感器测量值的幅值。

通过将估计器的范围限制到控制循环、热交换器、活门、泵、汽轮机、分裂蒸馏塔和高炉，就可以对经验模型的复杂度进行管理。

装备管理者的输出按两级提供，如图13-3所示。

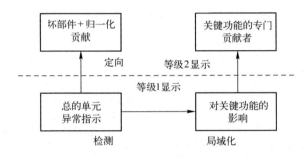

图13-3 到流程操作员的通知和告警

等级1提供了早期问题和其对品质、质量不平衡和热不平衡等关键功能的目视指示。等级2使操作员对准需要进一步排故的"坏部件"或设备组。关于现场经验和用例的更多细节可参照Elsass等（2003）和Bell等（2003）的文献。

13.2.3 机载维护系统

术语机载维护系统（OMS）用于描述飞机状态监视系统（ACMS）和中央维护计算机（CMS）功能的组合。他们共同用于负责提供清晰准确的飞机故障状态，并协助地面保障人员修理飞机（Felke 1994）。CMC提供的主要功能包括：

（1）故障隔离/抑制处理。

（2）驾驶舱后果关联。

（3）故障存储和显示。

（4）地面测试控制。

（5）软件数据加载。

（6）输入监视。

（7）飞机和地面站间的通信。

波音777用的中央维护计算机是IVHM用于商业飞机的里程碑。波音777的CMC功能使用基于模型的诊断系统，尤其是其模型中采用了原因-后果关系编码的诱导诊断算法。中央维护计算功能的显著特征和组成描述如下：

（1）推理机。这一机载模块（算法）对各种飞机部件（称为成员系统）产生的故障信息进行解译，以产生当前的诊断状态。在这一过程中，由其对各种部件提供的征兆产生看起来最可信的解释，产生新的假设跟踪多种故障，并删除证据支持薄弱或没有证据支持的假设。

（2）系统参考模型。用于推理的必要关系通常是单独的静态系统参考模型。这种分割允许同样的推理机软件代码在多种飞行器型号上复用，这是波音/霍尼韦尔团队在商用飞机IVHM领域成功应用取得的重大里程碑。系统参考模型、飞机可加载软件模块描述了部件或子系统等级产生的证据和失效模式之间的关系，而失效模式可映射到特定维护活动或关联操作。

（3）数据采集工具。基于模型的系统最难的方面是定义原因-后果关系的"深度"。浅薄的模型维护简单，但可能不满足所需的准确率。相反，详细的模型只可能在飞机飞行多年后才能建成。波音/霍尼韦尔团队通过使用灵活的数据采集工具解决了这一问题。这一工具被提供给成员系统供应商，并接着由其输入模型信息。霍尼韦尔提供了可对飞机等级系统模型进行组装的工具，可有效屏蔽来自低等级细节的机载推理软件。随着采集的部件或子系统知识越来越多，成员系统可更新其模型并提供 Δ 变量。霍尼韦尔机载维护系统（OMS）已在多型飞机上应用。典型的案例如表13-2所列。

表13-2 霍尼韦尔OMS飞机平台案例

波音	MD-95, MD-10, B-777, B-787
庞巴迪	全球快线
雷神	Hawker 4000
达索	F7X, F2000, F900
湾流	450, 500, 550, 650
霍克	Horizon 4000
巴西航空工业公司	170, 175, 190, 195
赛斯纳	Sovereign

CMC功能已在霍尼韦尔取得长足的进步。特殊的方面包括：

（1）可对历史数据操作的机群建模和数据挖掘方法。从这些工具中发现的知识现在表示为参考模型中的 Δ 变化量，显著减少了学习循环周期时间。

（2）处置成员系统的富集证据信息能力。除了简单的二值有/无征兆外，飞机部件现在可报告时间序列的参数值和趋势线。

（3）除了被动接收来自成员系统的征兆外，智能化的数据采集可支持主动生成证据。这一数据采集的触发条件可通过外部加载的程序控制。在某些情况中，其允许 CMC 通过被动和主动询问消除冲突的健康状态。

（4）为飞机提供预报未来的预测推理算法。当基于主要的传感器趋势触发故障代码时，这一功能使用贝叶斯框架进行预报。

13.2.4 性能趋势监视

除了"日历"年限外，性能趋势监视和诊断（Performance Trend Monitoring and Diagnostics，PTMD）主要用于准确表征装备工作条件下的剩余寿命。这样的预测计算可为装备提供更加优化的拆卸安排。此外，PTMD 也能够识别故障部件性能丧失的根本原因。

将 PTMD 应用于高价值装备具有非常大的实用价值，持续保持装备在线工作可为运营商和装备制造商产生丰厚的利润。相反，停机会造成工作中断，有时甚至会带来安全性风险。这里用 APU 作为案例来演示 PTMD。

在 PTMD 应用内，装备的工作包线可表征为一个四维向量空间内的曲面。这一曲面描述了输出（引气压力、发电机功率）、输入（燃油流量和导向器位置）、约束（涡轮温度、喘振边界和转速）以及扰动（环境温度和压力）之间的关系。APU 的终止工作寿命描述为在输出和约束轴上的适当阈值。

APU 每次成功工作都描述为四维空间中的一个点。N 次飞行的序列则描述了在任意给定时刻 T 处的曲面。随着 APU 的工作，这个曲面随时间移动，其最终会越过设定的阈值。内在的日历老化、出现突发故障、部件相互作用以及维护操作都会影响这一曲面的移动速度。PTMD 试图使用混合状态空间模型表征这一运动，并捕获：

（1）固有的损伤累计或部件的老化。

（2）按天偏离设计状态的工作情况。

（3）部件之间的相互作用。

（4）因突发故障或外场维护导致的离散事件影响。

PTMD 应用监视超过 2000 台商用运输机和碳氢化合物处理厂多种汽轮机安装的 APU。

13.3 本章小结

明确表达 IVHM 系统衍生的价值非常重要。将这一价值用简洁的业务术语进行表征同样也很重要。我们想要表达的主要信息是 IVHM 的效益不是通用的；尽管仍然存在挑战，但 IVHM 价值的四大支柱（如图 13-4 所示）已证实是行之有效的。

图 13-4　IVHM 的价值

（1）减少维护费用。维护、修理和大修（Maintenance，Repair，and Overhaul，MRO）行业的规模约为 600 亿美元（ARSA 2010）。将 IVHM 解决方案映射到这一市场空间是传递这一价值的有效方法。

（2）提高可用度。石化生产乙烯的停机费用约为 500 万美元/h（Research and Markets 2013）。当装备在线时间最大时，将 IVHM 的解决方案表征为利润的 Δ 值具有最佳效果。

（3）改进的规划和供应链。转变为规划内的维护可帮助装备制造商更好的管理备件库和库存。这对有任务成功关键要求的行业具有重要价值。

（4）过程改进。通常适用于原始设备制造商，IVHM 可在管理质保大纲和维护服务协议中发挥作用，并可减少修理厂中的周转时间。

我们在跨多个业务领域建造 IVHM 系统的经验是第二条信息的基础。通用的工作流不仅能帮助定义 IVHM 的通用架构，还可帮助启动建立一系列可重用的部件。部分通用可重用技术部件如图 13-5 所示，分别介绍如下：

第 13 章 霍尼韦尔的 IVHM 发展简史

图 13-5 IVHM 核心技术

（1）数据采集（含传感器）。嵌入式传感器可测量原位状态；多模式传感器测量使用同样的电子器件可同时测量多个物理量；非接触传感器则主要用于翻新改进。

（2）监视和分析算法。包括检测早期故障状态；组合超过一个传感器的数据提高置信度水平、减少虚警。

（3）检查和修理。包括描述失效的模型，以及可用异构证据推理的算法解释机器的运转情况——主要目的是通过修复问题将装备快速恢复到工作状态。

（4）部署平台。IVHM 不仅是算法。其不得不集成在已有的基础设施内。传感器和算法的最佳位置取决于飞机、精炼厂已有的管路以及建筑内的墙壁等施加的约束。例如，其可被嵌入在数字控制器内；也可是一个单独的手持检查装置，或一项通过云使能的远程服务。

（5）企业级服务端。复杂互联系统内的某些问题，本质上是具有突发性的。因此，IVHM 需要学习并找出这些长期趋势。尽管 IVHM 在战术方面可帮助维护人员使飞机复飞，或使分裂蒸馏塔快速恢复生产，但仍需要关注长期趋势，建立整体影响，并发现装备机群中出现的模式。

在本章中，我们总结了几个霍尼韦尔内部的各种案例来说明 IVHM。尽管这些案例介绍的是一些商用旗舰产品和服务，霍尼韦尔也积极参与到了国际 IVHM 社区的各项工作中。霍尼韦尔的科学家和工程师正在积极参与 IVHM 相关的 IEEE 和 SAE 国际委员会，参加和组织各种分享技术成果的国际会议，寻求学术上的协作。

总之，从 20 世纪 60 年代后期有限的试探性工作开始，IVHM 已发展成为当今得到公认具有良好发展前景的工程和业务功能。霍尼韦尔仍将继续开发系统工程检查清单，致力于成熟 IVHM 的核心技术，提出实现 IVHM 效益的解决方案，为用户提供最大的收益。

参 考 文 献

ARSA (Aeronautical Repair Station Association). 2010. "Global MRO Market Economic Assessment," Retrieved from http://arsa.org/wp-content/uploads/2012/09/ARSACivilAircraft MROMarketOverview-20090821.pdf. Accessed June 2014.

Bell, M., J. Errington, D. V. Reising, and D.Mylaraswamy. 2003. "Early event detection:A prototype implementation," Honeywell Users Group.

Elsass, M., S. Saravanarajan, J. F. Davis, D.Mylaraswamy, D. V. Reising, and J. Josephson. 2003. "An integrated decision support framework for managing and interpreting information in process diagnosis," *Computer Aided Chemical Engineering* , pp. 184-189.

Felke, T. 1994. "Application of model-based diagnostic technology on the Boeing 777 Airplane," 13th Digital Avionics Systems Conference AIAA/IEEE , p. 5.

Grabill, P., and L. Grant. 1996. "Automated Vibration Management Program for the UH-60 Blackhawk," American Helicopte Society 52nd Annual Forum. Washington DC.

Grabill, P., T. Brotherton, J. Berry, and L.Grant. 2002. "The US Army and National Guard Vibration Management Enhancement Program (VMEP): Data Analysis and Statistical Results." American Helicopter Society 58th Annual Forum.

Nimmo, I. 1995. "Abnormal Situation Management," *Chemical Engineering Process*, pp. 36-45.

Petrick, I. J., A. E. Echols, S. Mohammed, and J. Hedge. 2006. "Sustainable Collaboration:A Study of the Dynamics of Consortia," Retrieved from GCR 06-888: http://www.atp.nist. gov/eao/gcr06-888/gcr06-888report.pdf.August 2006. Accessed June 2014.

Ramohalli, G. 1992. "The Honeywell Onboard Diagnostics and Maintenance System for the Boeing 777," AIAA/IEEE 12th Digital Avionics Systems Conference.

Research and Markets. 2013. "Global Ethylene Industry-Feedstock Advantage Shifts New Investments to the US," Retrieved from http://www.researchandmarkets.com/research/ g5vkkc/ global_ethylene. December 2013. Accessed June 2014.

第 14 章 空客的 IVHM 实现经验

F. 克莱默, A. 拉丰, F. 马丁内斯, C. 维隆, 空中客车

14.1 引言

空客首款打破市场的双发飞机 A300/A310（销售 822 架后于 2007 年退役），虽然从今天看是一种过时的飞机，但不管怎样其工作可靠性已达到了 99%。针对当前市场和下一个 10 年的预测，可靠性、维护性和飞机完好率要求都强调更高目标和实现方法。

IVHM 是改善设备、系统和结构可靠性，降低工作和维护费用的强有力途径。本章的主要目的是介绍空客公司在机载和地面部分所实现过的满足用户期望的 IVHM 解决方案。

14.2 机载部分

本节给出了空客家族从 A300/310 到近期 A380 和 A350XWB 的 IVHM 相关能力发展历程。

14.2.1 早期的健康状态评估（空客 A300/A310）

14.2.1.1 评估工作影响

在失效场景中，飞行机组（机长和副驾驶）仍保留在信息和操作循环中，失效在飞行工作期间会影响飞行机组的准备情况和响应时间。电子中央飞机监视系统（Electronic Centralized Aircraft Monitoring，ECAM）遵循"不多也不少"的报警严重度策略原则提供故障通报。对于最重要的系统，显示对应的屏幕和系统概略情况，定位故障或失效。

14.2.1.2 地勤人员评估系统和设备健康状况

当前故障和失效(以及对系统工作的影响)的诊断信息在当地维护显示屏上显示。机械师对功能征兆(报警、故障图册等)进行关联,识别可疑的部件。在故障不明确的情况下,采用排故手册指导机械师和操作员进行手工故障隔离。通过功能测试和工程测量,帮助识别给定故障或失效状态的根本原因,以及级联的影响后果。

14.2.1.3 评估飞机性能——趋势监视

飞行数据记录器配装扩展的飞机集成数据系统功能,已能够实现飞机的性能分析。也可用可选的数据管理单元提供正常飞行期间的可用飞机参数,为空客性能监视(Airbus Performance Monitoring,APM)计划提供巡航性能分析。

14.2.2 第一代中央地勤维护系统(A320 到 A330/340)

14.2.2.1 早期的中央故障显示系统

由于周转期间修理操作费时,为避免工作中断并改进飞机系统的维护性,强烈需要集中式访问飞行器或设备的健康数据(即驾驶舱影响和相关的失效报告以及根本原因解释)。在 ARINC 604 规范和空客内部指令支持下,实现了:

(1)失效信息的集中;

(2)由单个显示屏和控制单元执行系统测试用于故障证实;

(3)通过各种机内测试设备(Bite)功能(除履历本外)辅助机械师进行飞机排故。

通过空/地链在飞行期间就可为 A320 的中央故障显示系统(Centralized Fault Display System,CFDS),如图 14-1 所示,或 A330/A340 家族的中央维护系统(Centralized Maintenance System,CMS)报告失效,为周转期间的强制性维护任务做好准备工作提供了重要支撑。

14.2.2.2 飞机状态监视系统

A320 和 A340 家族的飞机状态监视系统(Aircraft Condition Monitoring System,ACMS)解决方案提供了基于飞机参数的记录和报告功能,用于:

第 14 章 空客的 IVHM 实现经验

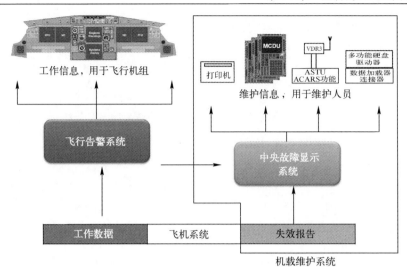

图 14-1 A320 家族的 CFDS

（1）通过发动机和机身性能监视，指导运行费用优化；
（2）保护发动机和机身的责任要求；
（3）尽早检测早期失效并最小化并发损伤；
（4）支持预防性维护，改进签派可靠性；
（5）支持深度调查（例如根据记录的和实时飞机数据）；
（6）支持机群管理和维护后勤用户；
（7）支持飞机测试（例如工厂、最后组装线）。

与 CFDS/CMS 类似，ACMS 控制单元连接到飞机的通信寻址和报告系统 ACARS，并根据请求将事件报告和专用参数自动传递到地面。

14.2.3 拓展的中央维护系统和进近无缝工作流（A380 和 A350XWB）

14.2.3.1 管理更多的数据和限时失效

随着 A380 和 A350XWB 的发展，空客使用演进的高度冗余系统架构，引入了数据管理的新维度。这一增加的维度加重了关联处理过的准确诊断结果与失效信息的负担，且非常具有挑战性。

另一个方面是在综合模块化航电（核心处理模块和数据集中器）等通用计算平台上集成航电功能，并连接到 100Mbit 航电全双工切换以太网（Avionics Full-Duplex Switched Ethernet，AFDX）飞机数据网络，使得飞机参数数据具有非常高的可用度。这一额外的数据可用度可更好的支撑飞机监视和更大数量的性能计算。除了标准化和个性化的事件报告（例如硬着陆、起落架接近度传感器报告等）外，ACMS 已成为深度排故的工程工具。

为区分客舱和货舱，维护域需要与航电系统相关的失效分开，对失效信息的分类进行了修改，对于限时类失效，在启动强制修理操作前，A380 CMS 提供了活跃失效状态的剩余工作时间（按飞行小时计），如图 14-2 所示。

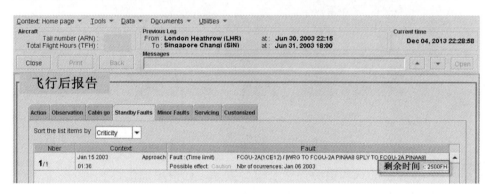

图 14-2　A380 飞行后报告项的时间限制

14.2.3.2　寻址下一次签派

A350XWB 引入了图 14-3 所示的签派功能，为飞行机组和维护机组减轻并优化签派工作。签派功能的概念用于区分仅对下一次飞行签派有影响的报警以及对当次飞行有影响的报警。

除了 ECAM 显示外，提供了新的签派屏幕页和专用的报警特征。这一屏幕页收集了由飞机系统检测到的所有签派相关的失效，并形成一个单独清单，这是最小设备清单（Minimum Equipment List, MEL）入口的主要来源。ECAM 信息的新类别定义为签派信息，通过清晰的 MEL 项识别，使得 MEL 访问更加便捷，并可最小化排故需求，提高日志报告的质量。应用的基本原理是一条签派信息专门对应一个签派状态。

签派信息由飞行告警系统管理，由 ACARS 实时自动发送到地面维护中心，并由 CMS 集成，减轻了非定期维护工作。

14.2.3.3　改进维护人员工作流

维护功能提供了大量机载集成的维护应用程序。这些应用程序可从驾驶舱中机载维护终端上默认显示的单一接口访问，也可在机载信息终端根据请求访问。同样的功能也可通过便携式维护终端访问。

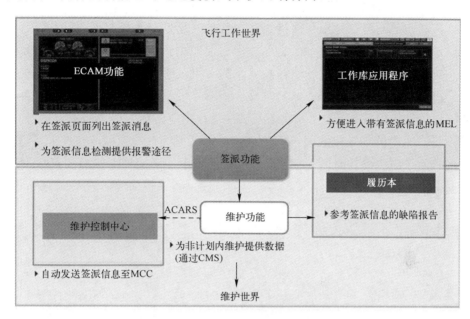

图 14-3　A350XWB 签派功能概念

工作流原理允许以工具箱模式轻松访问所有维护应用程序，并在使用超链接的应用程序之间进行导航。尤其是，可直接从飞行后报告（Post-Flight Report，PFR）访问 MEL，在 MEL 下进行签派，并可访问故障隔离/维护程序文档。辅助的工作流提供了从文档到机载维护程序（例如，e-线路断路器工作、机内测试、数据加载等）的超链接，并打开相关页面的背景信息，以减少操作时间。

操作员不再同时负责管理各种人机接口（Human-Machine Interface，HMI）功能。工作流映射到单个用户接口，在操作员进入 PFR 提供的维护信息后，对应提供故障隔离的途径，如图 14-4 所示。

图 14-4　提取 A380 飞行后报告

14.2.3.4 提供空/地连通性

机载和地面维护应用程序提供了高度的互用性。飞机数据自动传输，或根据操作员请求借助于优选的通信途径（由数据流大小和类型确定）传输。

空地数据交换为飞机状态监视（预先定义条件下的记录数据集报告）管理；飞机构型（含从地面输入的加载）管理；发动机健康监视管理；诊断活动等提供高效的支持。在这种情况下，在飞行期间自动或根据请求发送报告，可为下一次飞机签派和掌握当前飞机状态信息提供有效途径。在地面发送维护报告旨在减少周转时间。图 14-5 所示的是用于飞机构型管理的机载/地面数据交换。

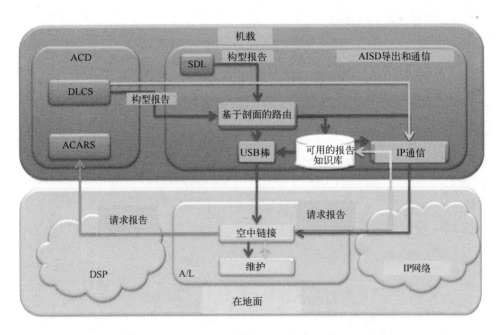

图 14-5 用于飞机构型管理的机载和地面数据交换

14.2.4 挑战性设计和确认

过去三十年间，随着系统设备、航电控制单元和飞机通信网络复杂度的技术演化，已不得不重新思考设计过程的指令和确认策略。对于第一代飞机家族，机内测试规范文档涵盖了机内测试信息中人机接口 HMI 和外场可更换单元 LRU 标号的主要原则（即规范是操作员接口导向的）。对于 A380 和

A350XWB，空客引入了由航电系统供应商提出的故障检测功能形式审查，重在强调机内测试监视和诊断性能的鲁棒性。

空客引入了协同维护端到端工作组（Coordination Maintenance End-To-End，COMETE），与供应商和维护操作员一道，通过工作会的形式，制定飞机维护性方面的共同愿景。针对实验室版本的系统软件和系统级设备及多系统场景下连接的多个测试平台，增加了确认工作。

在飞行测试期间，空客引入了持续的飞行后报告分析，用于对飞机和系统诊断结果的存在和准确率进行质询。

14.3 地面部分

从 A320 开始，空客的所有飞机都配装了机载中央维护系统。这项技术引入了监视飞机技术状态的新功能。空客建造的地面部分，允许航空公司实时全飞行过程监视机载维护系统（Onboard Maintenance System，OMS）产生的维护信息，简化了周转过程，并向系统工程师提供了识别修理或重新设计薄弱环节的一致指标，且能够管理来自任何空客飞机类型（包括 A320，A330/340，A380 和 A350XWB）的数据。在飞机维护分析（AIRcraft Maintenance Analysis，AIRMAN）产品引入阶段征求意见后，地面部分围绕这款产品提供了空客现行的 IVHM 地面功能。

14.3.1 历史观点

14.3.1.1 早期情况

空客飞机机群的健康监视能力从 20 世纪末期开始起步。在那时，其目的是用于处理由 CMS 自动产生的大量信息，自动在地面传输用于进行调查研究。为减轻分析人员的工作量，空客在 A320 机型上使用了发布的第一版 AIRMAN。

这一新的信息流，在先进的 A320 飞机设计支持下，开创了数据处理的划时代革命，并在航空公司的维护部门显示。维护分析人员和机群观察员能够监视工程数据，实时识别事件，在飞机到达前，预期所需要的维护操作，还能够在飞机签派后监视操作（有效的或无效的）的结果。空客发布的应用程序负责采集并解码飞机数据，并以清晰的文本格式显示。用户能够查询数据库，发现长时间段内故障的历史情况。与当前 AIRMAN-Web（AIRMAN 的最新版）应用程序的潜在价值相比，即使第一版 AIRMAN 提供的功能非常有限，这一工具的确改变了机群观察员的工作样式，使其不再依赖于飞行员机组或场外成员报告，确定采用哪种操作能够确保下一次飞机签派的安全。

14.3.1.2 从存储到支持

从 1995 年开始，AIRMAN 持续不断进步，重要性不断提高，为终端用户提供了更多的分析功能。在 2000 初，几个主要步骤已达成：

（1）应用程序内部仿效了飞机的背景信息，每架飞机由一个小盒子表征，反映了飞机的实际状态（目的地、到达、飞行阶段、技术状态）。

（2）AIRMAN 地面应用程序丰富了飞机传输的 CMS 信息。设计了特殊的算法，改进了驾驶舱的后果和机载 CMS 的故障信息关联。在故障事件和需要修复或推迟故障的所有技术文档之间增加了自动链接。接着，应用程序为维护控制中心（Maintenance Control Center，MCC）团队和外场机械师提供帮助。

（3）另一个主要步骤是具有将应用程序链接到航空公司维护信息系统的能力。这为航空公司链接 AIRMAN 内任意故障案例与维护信息系统（Maintenance Information System，MIS）的排故历史关联创造了条件。引入这项功能，空客的目的是改进航空公司排故的鲁棒性和一致性，若故障在首次拆除后未能修复，则后续应尽量避免第二次拆除同一部件。这项功能仍是专利独有且机密的，仅有少数用户决定使用，这是下一代 AIRMAN 内最有价值和最为增值的功能之一。

在 2010 年，经过 15 年的可靠服役之后，空客决定用 AIRMAN-Web 替换 AIRMAN。在那时，AIRMAN 能够采集 CMS 和 ACMS 飞机系统的数据。CMS 的数据关联并链接到文档，采用特殊的算法扫描数据的历史，检测重复出现的事件。对 ACMS 报告进行解码，并以全文本的格式在应用程序内显示。应用程序被外场机械师、外场维护工程和 MCC 在内的很多功能部门广泛使用。

14.3.2 当前的产品实现

AIRMAN-Web 服务从 2010 年 12 月开始。在这个新一代健康监视应用程序支持下，空客的目标得到了大幅拓展。空客可以发挥其长期成功使用健康监视的优势，并使用先进的信息技术提高协作方法、大数据管理功能，将应用程序与整个航空公司的信息技术世界进行交互操作和集成。

14.3.2.1 IT 实现

AIRMAN-Web 是一个基于网页的应用程序。用户可 24 小时/7 天通过网页服务对其访问。应用程序驻存在空客，并由空客维护。飞机来的数据路由到中央通信服务器上，该服务器采集来自任何飞机型号的复杂信息流。一旦接收到飞机来的原始数据，将其存储在原始数据库（Data Database，DB）中，并将其转发到 AIRMAN-Web 的输入/输出模块。

这一模块接着广播原始信息，并输入到解码单元，产生可读的格式。一旦解码后，原始数据就被存储在数据库中，如图 14-6 所示。接着，执行所有后处理（例如关联、文档链接、优先级排序、分析、统计、故障跟踪）。最后，通过专用层管理图形用户接口（Graphical User Interface，GUI），答复不同类型用户的需求。

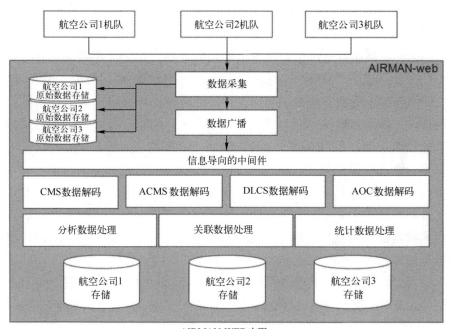

图 14-6　AIRMAN-Web 实现

互用性和应用程序访问分别由专门的 IT 组件保证，并负责：
（1）认证；
（2）数据交换安全；

（3）与其他产品或系统接口。

由于数据机密性对于航空公司非常重要，每家航空公司都会有各自的 AIRMAN 数据库。在没有航空公司授权下，空客内没有任何机构（除应用保障团队外）能够访问航空公司的数据库。

14.3.2.2 功能能力

AIRMAN-Web 复制了之前 AIRMAN（2013 年 12 月退役）提出的主要功能目标。但是，除了这些基础功能外，AIRMAN-Web 提出了提高应用程序能力和可用性的新功能。这增加了从应用程序能力获益的用户类型。

对新一代 AIRMAN，空客的一个关键驱动器是已经创造了一种简便易用的应用程序。GUI 设计高度直观、导航简单，逻辑、指标和结果都是自解释的，以简化分析并最小化解译工作量。在 AIRMAN-Web 定义末尾处，AIRMAN 中存在的全部功能都得到了增强，且在简化的 GUI 内引入了很多新的功能，可为用户提供即时答复，且"鼠标敲击"绝不超过三次。在 AIRMAN-Web 内改进或增加的嵌入主要功能如下所述：

（1）实时健康监视航空公司的机群，如图 14-7 所示，向终端用户提供了机群中每架飞机的技术状态，根据从飞机接收的全部维护信息（例如 CMS 和 ACMS）对下一次签派的影响进行优先级排序。AIRMAN-Web 提出了可重用的解决方案和统计组件，以支持机群观察员（MCC 或外场工程师）决策。不管做什么决策，机群观察员能够通过应用程序内嵌入的协同途径与其对话者分享分析和决策结果。

（2）飞行细节页面，如图 14-7 所示，为解决影响周转等机组的关切，收集了外场机械师所需要的周转 PFR、ACMS 报告和服役数据等所有信息。这些技术数据链接到文档，或为修复或推迟事件由外场维护/MCC 工程师提供的推荐建议。

（3）故障跟踪功能自动检测单架飞机或相同机型不同飞机中任何重复出现的事件。根据重现的特征，AIRMAN-Web 给出下述不同种类的根本原因建议：

① 特定机尾号上的间歇性失效；

② 特定构型的系统薄弱环节；

③ 过滤并忽略虚假的信息。

（4）支持深度排故的可视化排故功能。

（5）ATA 性能和高级历史搜索功能为系统工程师提供了统计工具，允许确定哪个系统对于飞机技术状态有最大的影响。AIRMAN-Web 对于每条 CMS 信息都会产生每种飞机型号（合并全部航空公司的同型飞机）的基准，以帮助分析员完善决策制定。

（6）AIRMAN-Web 也提供有不同的协作特征。其中，通知推送功能是最有创意的。用户能够自定义个人推送通知（邮件或短消息）的触发条件，且触发条件可链接到 CMS 信息或 ACMS 参数。接着，可向每个用户连续推送机群的状态，在应用程序无人值守时也可以持续推送。

机队实时监视和飞机角度的飞行细节

图 14-7　AIRMAN-Web 用户接口

14.3.2.3　目标用户

AIRMAN-Web 设计用于服务各种类型的维护和工程人员。

（1）维护控制中心/外场维护工程师是健康监视结果的使用大户。他们通常关注全球机群的当前状态。他们监视当前和近 10 次飞机飞行情况，并预估下二次或三次签派中可能发生的问题。

（2）系统工程师也对 AIRMAN-Web 的分析和统计功能感兴趣。他们分析过去的数据，检测将来哪些可以改进，怎么落实（体现为服务通报、维护计划变更等）。

(3) 外场机械师使用 AIRMAN-Web 管理周转工作。面向这类人员的主要功能是从飞行细节角度看的。

14.4 展望

IVHM 解决方案的进一步发展必须由运营商所能获得的效益驱动。

14.4.1 从非计划性维护到预测性维护

当前，由于出人意料的飞机失效，航空公司面临各种非计划的服役中事件，这要求必须立即采取纠正维护措施，否则将导致飞机的运行中断，为航空公司带来不菲的损失，包括对整个网络的连锁冲击后果带来的费用。在上一代飞机上，即使出人意料的失效出现（延迟飞机修理），主要通过拓展飞机具备连续飞行数天的能力，以减少运行中断的风险。向运营商提供准确可靠的装备失效预报能力，减轻其对飞机技术状态的影响、诱发的整个机群运行工作风险（延误、航班取消等）是下一步 IVHM 进一步改进的关键目标。使用增强的预报技术，能够避免技术事件造成的工作中断，并借助于拓展的预报水平对维护资源（维护人员、备件、工具等）进行优化从而为运营商提高灵活性，以最方便、最省钱的方式规划维护操作。

14.4.2 从定期维护到视情维护

今天，作为持续适航的一部分，航空公司还主要依赖定期维护大纲。不管飞机的健康（取决于很多因素包括使用和环境因素）实际如何发展，必须周期性执行飞机维护大纲文档（Maintenance Planning Document，MPD）规定的相关任务。经验证实，定期检查后没有发现任何缺陷或损伤的现象并不稀奇。而使用视情维护（当中定期维护任务由飞机系统和结构降级监视触发），将视情维护与飞机使用关联将大大减少维护任务数，这会提高飞机完好率并显著减少维护费用。

14.4.3 从手动/半自动到自动化过程

进一步提升自动化程度，提高数据密集、工作量大过程的鲁棒性和质量，是维护大纲的主要改进源。典型的改进领域例如构型管理，出于维护目的需要花费大量时间和资源，跟踪在飞飞机的构型。在某些情况中，飞机构型管理可能是最耗时、耗费资源的活动，甚至超过了飞机的维护活动本身。

14.4.4　从当地在飞机上维护到远程维护

当前，在飞机上维护操作要求至少有一人在飞机上或在飞机周围。因此，对于非计划内的维护，仍需要在整个维护网络部署人员，这从成本费用观点来看并不是最优的。远程维护不需要在当地进行物理操作（即电子可操作的维护操作），提供了远程在飞机上执行维护任务的能力，这种能力的直接影响是减少了整个维护网络中维护技能的部署，从而减少了维护费用。通过执行所需的维护操作而不需要维护人员进入到飞机上，也有助于提高飞机的完好率。

第 15 章　飞机健康和趋势监视：湾流 G650 飞机的 IVHM 经验

罗伯特·O·戴尔，湾流航空公司

15.1　G650 飞机健康和趋势监视简介

湾流飞机健康和趋势监视系统（Aircraft Health and Trend Monitoring System，AHTMS）是一套数据采集和处理系统，能够采集并存储预先定义、信息丰富的飞机参数数据，并与地面站通信，将飞机与地面保障系统连在一起，从而形成闭环。该系统可记录高达 10000 个预先定义的参数，AHTMS 为高优先级机组报警系统（Crew Alerting System，CAS）事件和发动机健康数据提供了接近实时的飞机状态监视。此外，若需要补充数据正确评估间歇性问题，湾流地面人员可向系统请求额外的参数而不需要与机组进行交互。而传统的飞机状态监视系统则必须预先定义，并在地面上传，飞机连接（PlaneConnect^{TM}）技术向湾流专家提供了事件后立即查询飞行中飞机的能力。除了在飞行中传输参数化数据外，AHTMS 记录当前的趋势和特殊的状态文件，一旦落地，传输这些文件并进行分析，以确定飞机何时开始偏离"正常"情况。AHTMS 使用标准的 802.11g 或可选的蜂窝（3G）安全无线网络，传输数据到地面站进行分析。这些文件包含下述参数类型：系统参数（空速、高度、温度、压力、流量等）、发动机参数（发动机压比、涡轮燃气温度、滑油压力/温度、N_1、N_2 等）、状态参数（时间标签、速度、飞机构型等）、CAS 信息、趋势参数等。

一旦数据通过地面保障网络（Ground Support Networ，GSN）处理后，飞机运行商和湾流可从丰富的数据中进行挖掘，以更好地掌握飞机的健康状况，如图 15-1 所示。

湾流飞机健康和趋势监视系统的总体目标如下所述：

第 15 章 飞机健康和趋势监视：湾流 G650 飞机的 IVHM 经验

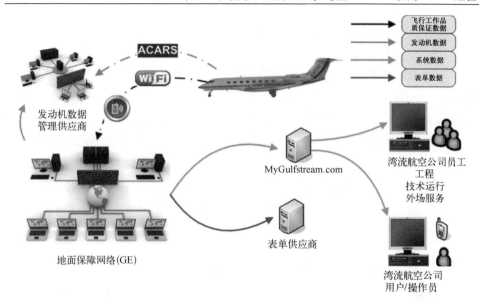

图 15-1　AHTMS 数据传输框图

（1）由机组识别出驾驶舱或系统后果之前就能够识别飞机上存在的问题，显著减少非计划内维护并提高任务完好率。

（2）当飞机仍在飞行时，即启动排故活动和备件调动，借助于飞机的自动传输数据，识别间歇性问题的根源，从而缩短飞机返回服役的时间。

（3）当飞行中出现问题时，对问题进行识别并传递给地勤人员，制定方案快速高效的将飞机返回服役。

（4）通过无线自动数据传输，取消手工飞行数据记录器/故障历史数据库下载或飞行工作品质保证（Flight Operations Quality Assurance，FOQA）数据的需求和费用。

（5）基于新硬件和飞机引入的软件接口（包括自动生成故障列表、飞行日志等），提供附加的增值服务。

（6）减少运营商和湾流技术培训费用。

（7）提供到飞机系统参数信息的远程访问，以便于进行远程飞机诊断。

（8）流水线机群维护（改进重新设计循环时间和一次解决率）。

（9）辅助供应链管理。

（10）减少质保期费用和未发现故障（No Fault Found，NFF）率。

（11）提供工作参数和维护知识保存。

165

15.2 AHTMS 概述

AHTMS 由两个主要部分组成：①飞机健康和趋势监视单元（Aircraft Health and Trend Monitoring Unit，AHTMU）；②无线数据网络单元（Wireless Data Network Unit，WDNU）。

AHTMU 执行飞机上的机载数据采集，WDNU 执行数据离开飞机的传输。

WDNU 有两块独立的数据传输无线网卡。数据传输的标准方法是通过 Wi-Fi(802.11g)协议。除了 Wi-Fi 外，WDNU 也向运营商提供 3G 蜂窝连接数据传输选项。这一选项为运营商提供了非常好的灵活性，可在无 Wi-Fi 覆盖的区域继续进行 AHTMS 的数据传输。

15.3 系统功能

AHTMS 除了数据采集和存储外，还执行多项功能。本节将详细介绍该系统的功能，并按照空中和地面功能进行区分。图 15-2 介绍了空中和地面数据传输的场景。

15.3.1 空中功能

AHTMS 的空中功能包括 CAS 消息记录，记录内容包含了 CAS 消息和相关的参数数据。此外，高优先级 CAS 数据在事件后，通过卫星立即进行传输。请求参数显示（Request Parameter Display，RPD）向湾流提供了运营商在飞行中并发请求和接收实时参数数据的能力。此外，记录的趋势和特殊状态文件将在地面进行处理。AHTMU 能够存储 100 小时的数据，并在每次飞行中将发动机的健康管理（Engine Health Management，EHM）快照情况通过 ACARS 发送两次。

15.3.2 地面功能

AHTMS 的地面功能包括中央维护计算机故障历史/维护消息采集，当中包含了用于排故的关键数据。这些数据通过 Wi-Fi 或蜂窝电话连接传输到地面保障网络或从地面保障网络接收。此外，一旦地面出现问题，技术人员可使用现场参数显示（Live Parameter Display，LPD）功能，实时在维护笔记本上查看飞机的数据。

在每次飞行后，AHTMU 自动计算并将初始飞行日志和故障列表，转发到目标平板设备上。一旦得到批准，这些数据就会传输到地面保障网。

此外，AHTMU 还可作为快速访问记录器，接收飞行数据记录器（Flight Data Recorder，FDR）的 ARINC 717 信息，以满足 FOQA 要求。由于其在飞机中的安装位置限制，AHTMU 比 FDR 可达性更好。

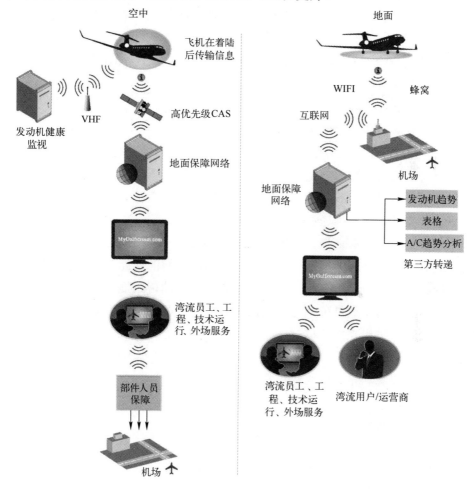

图 15-2　飞行和地面数据传输

15.4　数据分析和地面保障网络

G650 上采集的飞机系统数据，通过机载 AHTMS 在飞行中和地面上，按优先级分级并传输到地面保障网。在数据到达后，GSN 按照优先级顺序处理并分析数据，向维护和工程人员提供飞机接近实时的状态。地面保障网使得员工可在飞机到达维护基地之前或一旦到达之后就可以检查诊断数据。这种精益求精的维护能力减少了排故时间和后勤准备时间，从而可使飞机周转的更快，具有更高的维护产能，提高了飞机的利用率，减少了停机时间。

辅助数据主要用于长期趋势或寿命计算，要求不紧迫，在 AHTMU 上记录，可自动或由维护人员在地面手动下载进行后续分析。

AHTMS 计划的使能基础设施是地面保障网络。这一框架是离机设置的，包括下述基础部分：

（1）飞机数据采集；

（2）数据管理、存储和安全；

（3）数据应用和分析；

（4）飞机电子数据分发；

（5）面向用户和湾流的网页版用户接口；

（6）信息生成、推送和显示。

AHTMU 的数据采集、WDNU 的数据传输，以及 GSN 的数据分析和显示集成对于 AHTMS 的成功至关重要。地面保障网的功能是接收并存储飞机传来的数据，进行综合分析，将结果以清晰易懂的格式提供给终端用户。

地面保障网也提供了将电子数据传递到飞机机载单元更新构型的渠道，并提供了传输飞机工作数据的能力（即导航数据库、导航图和地形数据库）。

用户接口也提供了管理 AHTM 系统构型的能力，以辅助执行更改数据采集、分析、查看和报告给终端用户的方式。地面保障网络支持下述三个用户类别：

（1）飞机维护保障；

（2）工程和后勤保障；

（3）飞机电子数据分发。

飞机维护功能主要负责保障飞机系统和子系统的维护。支持进行必要的根本原因分析，理清相关的飞机故障。这一能力包括下述飞机维护保障概念：

（1）工作流导向的用户接口；

（2）综合的飞机分析；

（3）改进的维护效能；

（4）先进的监视技术（远程连接入口）。

工程和后勤功能支持更加复杂的用户接口,并提供飞机维护功能之外的额外分析特征。这一能力包括下述飞机的工程和维护概念:

(1) 飞机系统数据的趋势和诊断;

(2) 发动机健康监视(发动机监视和诊断);

(3) 飞机系统健康(下载数据的初始处理)如图 15-3 所示;

(4) 飞机系统和子系统技术信息的超链接;

(5) 经验捕获系统(建立飞机事件和解决办法的数据库);

(6) 后勤软件(飞机状态监视、报告、统计和分析);

(7) 系统服务软件(基本功能例如发动机健康监视和飞行工作质量保障、数据传递、用户管理、所有系统的审计日志)。

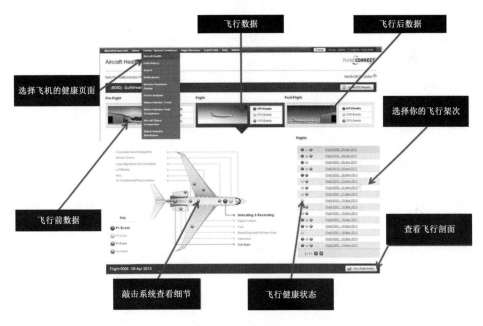

图 15-3　飞机系统健康页面

15.5　数据传输

根据飞机驾驶舱后果和所需维护操作的严重等级,对每个 AHTMU 参数集和报告赋予一个数据传输优先级。由优先级和可用的连接协议决定参数数据和报告传输的方式,如图 15-4 所示。飞机数据定义为优先级 1,机载时通过可用的两种卫星数据链：铱星或国际海事通信卫星进行传输。此外，还可选用 KU 卫星数据链。最有效的数据传输方法需要根据飞机上的设备安装情况选定。优先级 2 数据，当飞机在地面时通过 Wi-Fi 或蜂窝连接传输。发动机数据记录为快照，通过 ACARS 进行传输，这是适用于轻量级数据包传输成本费用最低的方法。

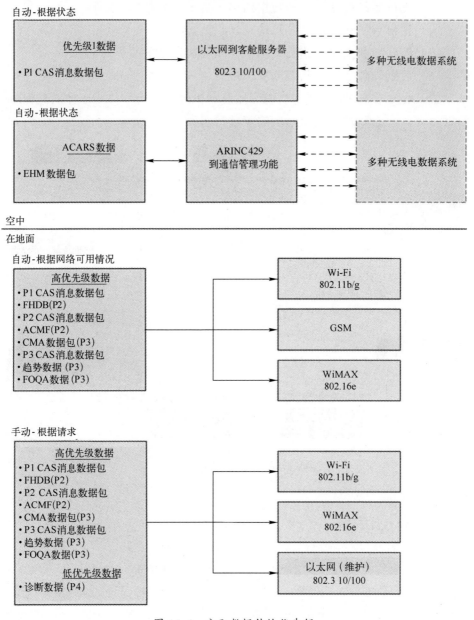

图 15-4 分配数据传输优先级

15.5.1 优先级 1 数据

这类数据在飞行中自动下载，包括需要离机采取响应的 CAS 告警消息，且优先级比戒备或建议消息要高。针对每种 CAS 消息定义了对应的参数集合，并与相关的飞机故障历史数据一起下载。

15.5.2 优先级 2 数据

这类数据是时间敏感的，在地面上具有最高优先级，自动下载，其包括发动机健康监视数据、更新的 CAS 告警、戒备和维护建议消息状态，以及飞机的飞行时间、循环数和位置。

15.5.3 优先级 3 数据

这类数据具有更少的时间敏感性，下载自动进行趋势、诊断或飞行工作质量保证。包括长期的趋势数据。

15.5.4 优先级 4 数据

这类数据不会自动传输离开飞机，但在 AHTMU 中存储，可在未来某个时间和日期手动获取并下载。

15.6 AHTMS 服役

AHTMS 是 G650 上的一个装机产品，尽管 G650 非常可靠，但确有一些 AHTMS 用于排故或质询飞机系统差异性的案例。这里列出三个案例进行说明。

15.6.1 跨洋高优先级 CAS 事件

当飞机执飞国际飞行时，经历了一项高优先级发动机 CAS 事件。在湾流技术运行处，会从 AHTMS 地面保障网络收到一封邮件说明已识别到飞机接收到了一条高优先级 CAS 消息。邮件当中带有超链接，技术运行处可查看事件记录的数据参数，如图 15-5 所示。

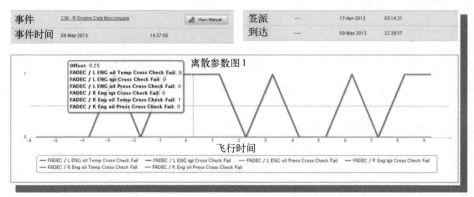

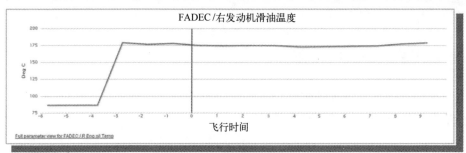

图 15-5　来自飞机事件的 GSN 数据

在审查完数据后，技术运行处启动到飞机的参数请求。在 6 分钟内，接收到额外的数据验证问题是所指示的问题。飞机继续执行任务，湾流的专家则在地面等待飞机到达其目的地。值得注意的是，这封由湾流收到的邮件通知比飞机连接系统报告（PlaneConnectTM 监视并记录从起飞到下降起始点之间所有的 CAS 和维护消息，并在下降起始点后通过 ACARS 传输报告到湾流）要早 5h20m，这为技术运行处提出问题的解决方案留出了足够的领先时间。

15.6.2　地面上的飞行控制问题

AHTMS 还可以作为 G650 飞机上的快速访问记录器（Quick Access Recorder，QAR）使用，且在地面事件期间，AHTMS 可作为 QAR 用于该问题的排故。

在滑行期间，当副翼移动到 20°时，发布一条飞行控制 CAS 消息。联系技术运行处支援，但是由于飞机远离基地，且 Wi-Fi 不可用，此时需要 AHTMU

手动下载,以确定其问题原因。

数据审查完后,湾流复制这一条件并将其定义为一个已知的工作问题,飞机则按照安排的任务及时返回服役。

15.6.3 起落架维护信息

在入役后,某些飞机在飞机连接报告上会收到起落架维护信息。使用 AHTMS 数据,计算出起落架的收回时间(见图 15-6 上图),为运行商提供了信心证实起落架在规范内工作。此外,通过 AHTMS 显示,这一事件只在有多航段的飞行中出现,如图 15-6 中飞行剖面的红色箭头所示。使用这些额外的数据,湾流能够与供应商进行协调,复现这一问题并发展出解决方案。

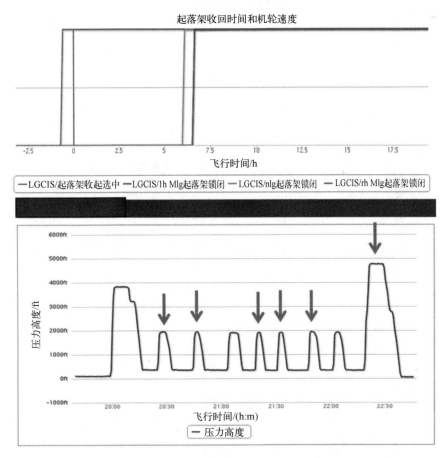

图 15-6　GSN 起落架收回数据和飞行剖面

15.6.4 燃油波动

在完成的过程中，分析燃油系统，确保燃油量探针的数据进行正确的处理。使用 AHTMS 数据，显示出一架飞机的读数与典型值相比显得非常奇怪，如图 15-7 所示。在审查完数据后，在将飞机交付给用户之前拆除系统部件并进行更换。若没有 AHTMS 额外测试提供的数据，飞机的运营商可能会由于这一问题遭遇一次非计划内的维护事件。

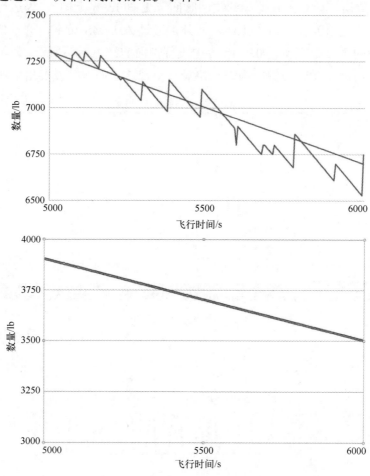

图 15-7　错误（上图）和正常（下图）的燃油量数据

15.7　本章小结

湾流 G650 的飞机健康和趋势监视系统为湾流员工和运行商提供将飞机

连接到地面系统的能力，通过引入可询问的自治数据采集、传输和分析系统，可理解事件并以高效即时的方式提供纠正操作。总之，目标是保持产品保障的卓越性并为湾流用户基地提供下述效益：

（1）最小化所发生事情的不确定性：运营商不再需要询问："这已经持续多久了？"在 PlaneConnect 技术支持下，当偏差出现时，能够快速准确的评估并立即识别出。

（2）减少问题的诊断/排故时间：飞机连接可支持在维护笔记本上实时查看所有的记录参数，这显著增强了问题诊断和排故的速度和准确率。

（3）访问事件后的飞机数据不需要操作员进行操作：现在关键信息都在操作员的命令处，可自动提供所需的数据。

（4）提高首次解决问题的比例：知道出什么问题也知道如何修复，消除达到最快解决方案的猜测。

（5）提高签派的可靠性：偏差识别的越快，其解决的就越快，这使得运营商能够在全时段先于维护需求一步。

（6）减少未发现故障部件：由于"飞机连接"清晰地识别出问题的源头，从而可消除未发现故障部件相关的时间浪费、工作和费用。

（7）提高关键的飞机可用度：以先导式方式自动监视、识别并解决问题，确保飞机总是处于待命状态。

（8）取消数据下载所需的人力：节省时间和费用，"飞机连接"可自动执行，减少工作和担忧。

（9）减少代价不菲的中断：飞机越健康，其表现越好，自然可最小化中断问题的出现。

第 16 章　通往飞行器健康管理之路

达希尔·科比，GE 航空

16.1　GE 航空的飞行器和健康管理历史

GE 拥有超过 30 年的先进健康管理研发经验，提供很多 IVHM 领域的成功案例与有益教训。尤其是，GE 航空在功能性类似产品生产线中，识别并集成技术取得了显著效益。正如 SAE 国际出版的《飞行器综合健康管理：新兴领域视角》介绍的，IVHM 解决方案将引入具有图 16-1 所示的 1 项或多项功能的系统。

图 16-1　IVHM 活动周期

随着 IVHM 任务的复杂化，通常通过系统集成进行简化，即可在开发早期阶段，将活动周期的多阶段集成进综合解决方案或者合作伙伴的解决方案。作为案例，早期的解决方案可在开发后期阶段，集成活动周期的每部分得到。显然，这会导致功能重叠、尺寸、重量、功率和费用（Size, Weight, and Power, -Cost, SWAP-C）增加，通常不是最优的。

随着行业对于完整 IVHM 解决方案效益的认识越来越深刻，提供高度集成和优化解决方案的效益已日益凸显。GE 航空采纳了这种策略，并通过接续的产品迭代和雕琢，持续拓展 IVHM 的能力集合。

GE 航空的 IVHM 发展历史从数据采集和记录仪（Data Acquisition and Recorder System，DARS）系统生产线中的飞行关键数据采集和分析开始。这项技术扩展为综合的健康和使用监视系统（Health and Usage Monitoring System，HUMS）产品线和服务，并进一步发展，进军商业飞机健康管理系统（Aircraft Health Management System，AHMS）产品领域。本章回顾了 IVHM

工作周期发展的历史,以及每个产品转阶段学到的经验。

16.2 数据采集和记录器

GE 航空的健康管理能力可以溯源到 DARS 产品领域中的坠毁可生存数据记录。开始时,GE 航空的 DARS 产品侧重于满足 EUROCAE ED-55 文档描述的要求,致力于提供专用的坠毁可生存数据存储装置。然而,随着时间的发展,语音和视频等额外的数据流可用,提高了这类系统的带宽和存储要求,因而,为保持这类系统可行,必须要提高其功能性能。

如图 16-2 所示,随着 IVHM 活动周期中额外能力的引入,DARS 产品线的用户价值得到了增长。首先是直接从飞机数据网络（Aircraft Data Networks,ADN）捕获并格式化数据,从而取消了飞行中数据采集单元（Flight Data Acquisition Unit,FDAU）的需求,减少了总的尺寸、重量和功率要求。这可在坠毁可生存飞行中数据记录器（Crash Survivable Flight Data Recorder,CSFDR）到数据采集系统（Data Acquisition System,DAS）,到语音和数据记录器（Voice And Data Recorder,VADR）产品的转型中看到。

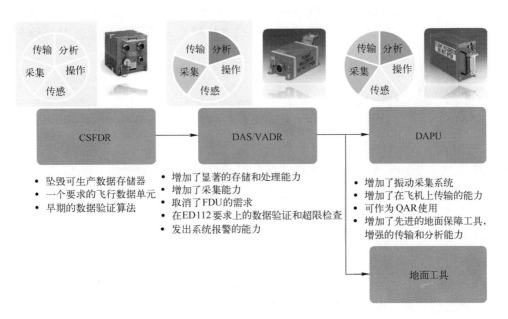

图 16-2 DARS 产品线中的能力增长

此外，得益于处理能力和非坠毁保护存储的提高，允许在系统中引入新的数据验证和参数超限算法。这种分析能力使得记录器系统可向飞机运营商推送事件，从而减少诊断费用。

DARS 产品线随着数据采集和处理单元（Data Acquisition and Processing Unit，DAPU）等新产品的引入得到了进一步增强，具备了可拆卸的大容量存储器和 DARS 之前产品不具备的机上数据传输能力，此外，DAPU 集成了振动采集系统，提供振动健康管理解决方案。

在这期间，升级的工具包套装上市，可轻松访问记录器内采集的数据，并提供了更高级的分析能力。

这些工具作为网页服务器应用程序运行，允许将笔记本连接到 DARS 装置直接显示实时飞行数据。附加工具包括综合地面软件（Integrated Ground Software，IGS）以及支持同步语音、飞行数据和三维可视化的审查工具。

每次当新的 IVHM 活动集成进 DARS 能力集合时，都需要进行费效分析，说明系统增强功能所付出的增加费用是值当的，并由于功能的集成，减少了平台的总费用。

在每个状态处，当 IVHM 活动周期的新部分集成为一整个系统时，取得的效益最大。GE 航空在旋翼机和固定翼飞机积累的 IVHM 技术开发经验显然增强了这一前景。

16.3　旋翼机 IVHM

通过内部研究和采办，GE 航空是直升机 HUMS 开发的早期提议者和开发者。早在 1999 年，英国注册的重型直升机就要求强制配装 HUMS 系统。OEM 现在提供 HUMS 标配或选装的新飞机。综合直升机 HUMS，提供永久安装的传感器，监视发动机、传动系统、转子系统和机身的状态和使用情况，以增强安全性和适航性，提高工作完好率，减少持有费用。

图 16-3 列出了 GE 航空从研发工作中形成的 HUMS 产品线 IVHM 能力，从 DARS 产品线起始，汲取了早期 RADS 和 HUMS 平台的研制经验。增加专用的传感器套装，使 IVHM 的解决方案从记录器中进一步发展，包含了图 16-1 所述 IVHM 活动的传感阶段。

第 16 章 通往飞行器健康管理之路

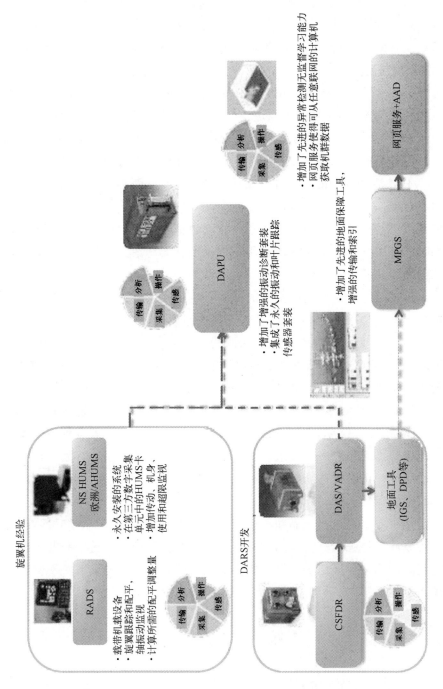

图 16-3 旋翼机 IVHM 能力增长

初期 HUMS 解决方案主要围绕传动健康监视，主要通过振动趋势监视、滑油温度和压力监视以及碎屑探测等手段利用 20 世纪 80 年代早期旋翼分析和诊断系统（Rotor Analysis and Diagnostic System，RADS）的开发经验，这些能力得到了拓展。

飞机旋翼跟踪和配平（Rotor Track and Balance，RTB）在诊断应用中的经验也为将完整的 RTB 功能集成进 HUMS 解决方案提供了强有力的基线。这取消了安装临时设备的需求，并可在营业飞行中自动监视 RTB 数据，从而减少了专门的检验飞行要求。再次，这种集成活动又由费效分析触发，结果表明将 IVHM 活动周期的额外部分集成为单个 LRU，而不是研制多个有专门功能的 LRU 会取得更大的效益。

早期改进装机的 HUMS，主要通过传动链健康监视，优先降低旋翼机每飞行小时的高事故率。HUMS 的使用监视功能初始考虑为低优先级，但是随着时间的发展，其能够准确记录飞机和部件的使用情况，并可支撑维护资质的授权。例如，某个主要机械部件的使用限制是使用谱中特定飞行状态的出现次数，则通过使用 HUMS 就可以更改其定寿策略。

随着 HUMS 解决方案的持续投入，费效分析表明将用于 DRS 产品线的地面工具集成为统一的旋翼机 HUMS 解决方案，可取得进一步增强的效益。随后诞生了多平台地面站（Multi-Platform Ground Station，MPGS），该系统发展很快，并在 DARS 地面工具中集成了先进的异常检测系统（Advanced Anomaly Detection，AAD（CAA 2012）。AAD 平台是一种引入各种复杂数学模型的无监督学习系统。本质上，其使用训练数据集建立正常行为的模型，并接着利用这一模型评估新数据的拟合。若其拟合不在模型的阈值范围内，则将其标记为异常。

尽管没有专门为这一产品线拓展 IVHM 能力，但由于多产品线分摊费用，从费效角度看，增强的分析能力和减少的开发维护费用使得这一研发是值当的。这些教训是 GE 固定翼飞机健康管理系统的基础，但与旋翼机不同，在固定翼飞机方面，GE 致力于提供完全综合的 IVHM 解决方案。

16.4 飞机健康管理系统

GE 航空的已有飞机健康管理系统解决方案向用户提供下述通用接口：
（1）失效隔离和故障处置（包含按要求执行的 BIT）；

（2）航电系统 HW/SW 构型报告；

（3）数据加载；

（4）飞机状态监视功能（ACMF）；

（5）维护通信管理；

（6）电子维护文档。

GE 航空的 AHMS 设计解决方案在 ARINC624 特性上开发，提供了现代综合模块化航电 IMA 成员系统和老旧联邦式系统的通用协议。这些系统周期性向 AHMS 系统报告之前定义的接口、内部故障和服务公告等故障状态集合的状态。

AHMS 处理这些故障报告，使用预先定义的故障模型识别出根本原因，并报告给外场维护人员。根本原因失效报告带有背景维护数据，包括报告给飞行机组的相关机组告警系统信息（Crew Alerting System，CAS）、失效相关的参数化数据，以及到 AHMS 中相关电子维护文档的链接。

GE 航空的 AHMS 解决方案由分布式和综合化的硬件和软件子系统构成，且其实现主要通过使用下述：

（1）地面服务网络（Ground Services Network，GSN）：是基于地面的系统，用于管理在场的飞机，并为运营商提供访问飞机的全球接口。

（2）无线数据网络单元（Wireless Data Network Unit，WDNU）：是用于 AHMU 和 GSN 之间互联的无线地面通信单元。

（3）飞机健康管理单元（Aircraft Health Management Unit，AHMU）：是提供数据加载服务的健康管理单元。

（4）便携式维护装置（Portable Maintenance Device，PMD）：是维护人员用于直接与 AHMU 和 WDNU 接口的系统。

（5）驻存的显示应用程序：驻存的应用程序用于提供座舱显示控制接口、构型报告和健康管理功能。

如图 16-4 所示，AHMS 解决方案使用的很多技术来自于 DARS 和旋翼机 IVHM 产品领域的工作成果。GSN 则直接从 MPGS+AAD 平台发展而来，并扩展用于监视和协调飞机的机队。GSN 提供了一个全球可用、构型控制的数据加载镜像知识库，管理并监视外场可加载软件（Field Loadable Software，FLS）的上传过程。WDNU 使用无线技术提供了 GSN 和 AHMU 之间的自动数据传输。

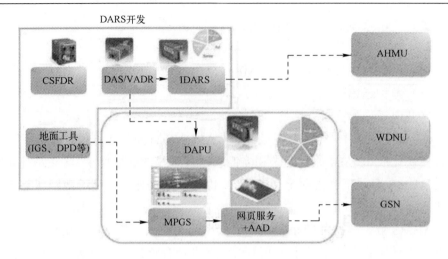

图 16-4 固定翼 IVHM 能力增长

AHMU 从 DARS 的开发中发展起来（也引入了旋翼机开发中的一些更改）。AHMU 引入了当地机载大容量数据存储（Mass Data Store，MDS）保存了数据加载镜像的缓存拷贝，数据加载功能（Data Load Function，DLF）负责数据加载服务器协议的实现。主要差别在于没有传感器套装和振动采集系统。更多的空间则用于数据存储和处理能力。不集成传感器套装的费效分析则通过直接连接到现代飞机数据网络（例如 ARINC 717）进行缓解。

GE 航空未来 AHMS 的愿景是将机群寿命周期管理活动发展成为高效、标准、综合、半自治的过程，从而减少系统失效的风险，提高未来/老旧飞机的剩余有用寿命，减少寿命周期的管理费用。其中，关键的组成部分是将当前确定性的维护框架，转变为概率性的架次飞行单机框架。概率能力的主要特性是关键数据点的识别和捕获；已识别数据源不确定性的量化和传播；融合采集数据、高逼真物理学模型和不确定性进行可量化的问题评估；每架飞机的 RUL 值。获得这些特性，可支持使用单机预测实现寿命期管理，给出统计置信度，做出先导性维护决策。

达到这些目标高度取决于已有的 AHMS/IVHM 提供商和终端系统/系统集成提供商之间强有力的交互和集成。达到可靠预测健康管理能力必需的统计准确率，要求有显著的数据存储、数据传输和数据分析能力。GE 航空在多个 IVHM 活动集成的经验表明，可在所有健康使能系统使用统一、基于健康的数据协议，从而可以极大缓解传输/带宽要求。此外，如果终端系统支持基础数据变换，只要遵从统一的变换过程，会减少中央 IVHM 系统所需的计算负载。

支持这一愿景的案例技术包括分布式采集、灵巧传感器、综合网络中心文件服务器、嵌入式处理、决策辅助、人工智能和预测。未来飞机健康管理系统的基础可能包括下述关键部分：可靠地确定系统和部件的剩余有用寿命、集成到运营商的维护和工作系统、供应商模型的集成，以及在维护活动周期内可由多个参与者轻松重构的能力。这些技术进步的目标有两层涵义：提高飞机的剩余有用寿命，延长要求的维护周期间隔时间。

16.5 未来展望和教训

缺乏政府层面的 IVHM 技术的要求创造了一个既有好处又有负担的开发和业务环境，好处是开放式边界，负担是解决方案供应商不得不自己承担研发费用。这一负担也有望能够根据近期用户的需求，支撑产品的个性化定制。尽管这一般通过提高即时价值的新闻故事完成，但其也会对长期的业务模型保障产生负面影响。

GE 航空的经验表明，从业务和技术前景看，通过拓展/集成产品的 IVHM 能力，能够产生更加有利的费效分析，甚至可发现更大的长期效益。行业和政府组织例如 SAE 国际，正在试图以多种方法解决这一问题。美国军队正在积极资助一些前景看好的研究领域例如"数字孪生"等，项目对标英国国防部和 GE 航空 20 世纪 90 年代的 HUMS 解决方案，以为 IVHM 提供基础科学依据。

此外，SAE 子委员会 HM-1 已出版了《飞行器综合健康管理：业务案例理论和实践》，旨在为机构内所有等级的利益相关方识别和量化长寿命周期 IVHM 解决方案价值提供重要指南。

GE 航空在这一技术领域的成功，部分也是成功重用跨产品技术的结果。通过开发过程，当传统的联邦式功能集成为一套解决方案时，获得了显著的价值，从而允许解决方案的费效分析足够可行，得以支撑上平台的研发费用。随着综合飞机数据网络的推广，这一领域的进步会围绕更多的使用智能传感器、嵌入式处理器和其他集成使能技术。这一行业部门的成功也是建立在鼓励长期产品设计成功的环境基础上，通过不断的产品交互和集成实现的。

参 考 文 献

CAA. 2012. "Intelligent Management of Helicopter Vibration Health Monitoring Data," CAA Paper 2011/01, Based on a report prepared for the CAA by GE Aviation Systems Limited. CAA Safety Regulation Group. May 2012.

第 17 章 总结与结论

伊恩·K. 詹宁斯，IVHM 中心，克莱菲尔德大学

本书和系列丛书的前几本书一样，涵盖了很多话题并期望介绍众多的新思想。在结束之前，本章将这些新思想总结归纳为 4 个部分。通过概述各章的主要思想将本书的不同部分联系在一起（每段前的数字表示的是本段内容所在的章节号），并致力于说明各章的贡献是如何互相补充的。

17.1 人因

（1）随着系统变得越来越复杂，突发行为仍具有难以驾驭的副作用，人的思维能力已不够用，无法通过一个系统和解决方案，就能理解系统所有可能的发展路径。人因是一项非常现实的考虑因素，人的决策不全是理性的，人经常会根据经验或最佳判断对得到的部分信息做出决策。这反映在任何决策制定过程中，在某些情况下，受到的影响会直接限制责任，而不是影响经济效益，且无疑 IVHM 系统会包含"计速器"（译者注：卡车内安装用于监视司机驾驶行为的设备）的全部特征，自动监视任何形式的静态遭遇。事实是软件绝不可能是 100%测试过的，维护指令也绝不可能是完全清晰的，从而难免会增加负担，并将人置于回路中。

（2）作为说明，土耳其航空公司的案例研究说明了如何通过将人从回路中排除掉，以满足复杂的 APU 空中启动 ETOPS 要求。土耳其航空公司使用波音的 AHM 系统，自动传感飞机的飞行情况（高度、任务段、飞行速度等），并在执行 APU 启动时告知座舱。AHM 系统跟踪哪些飞机执行了大纲，哪些飞机没有执行，并不断提醒那些没有执行的，这是之前运行、维护和规划部门很难手工做的任务。

（3）另一项将人从回路中剥离的演示是由生物技术给出的案例。这里，尤其在基因行业，已出现了从产品手工制作向机器人自动制造的态势。在实验室开发

新产品是一项非常大的成就，例如，DNA 核酸测序。但是最终各种不同的进步合力将产品带进大众市场，为普通的消费者提供了便利。这一案例跟踪了设备和过程设计中健康监视的三个不同阶段。

（4）本章返回到 APU 健康监视，说明了 APU 从 20 世纪 80 年代到现代化产品的发展道路，并给出了设计中的经验。APU 最初被看作是一个小的燃气涡轮发动机，认证、重量和费用要求要低，性能和可靠性要高。正如此，增加传感器提高了重量、费用；降低了可靠性；健康管理是最低限度的。ETOPS 评估要求改变了这种情况以及 APU 的处置方式，导致在最新的运输机和旋翼机投标书中要求包含 APU 的健康管理。这种最近 10 年设计文化的改变将会继续发展下去。

（5）经过多年的发展，人因已成为各种机构和人员的共识，并成为如何高效做事的指南。本章将多个行业中的 23 个重要教训汇集在一起。或许传承经验教训最难的是人都对自己没有直接经历过的事物有一种内在的不信任。正因为如此，经验丰富的人都有每次教训的"斗争故事"，因而会对本章心存感激，但对于经验少的人，要吸收这些教训就会更加困难。

17.2 信任

（1）IVHM 的原材料是数据，融入了背景信息，用于辅助决策制定过程。若数据的用户不信任它，不管这种不信任有多么主观，则 IVHM 的价值链会崩塌。因此，溯源、所有权年表、保管和位置具有极度的重要性，并成为演示数据纯净度的机制。本章在信任主题上使用了 STRAPP 项目，演示了如何从源头到目的地建立完整的溯源链，以支撑数据的信任力。

（2）本章在计算机取证学主题上与信任章节同振共鸣，其主要涉及溯源的另一个名字——证据的完整性，并介绍了另一个领域的经验。在犯罪案件中，保持提供的证据不受干涉侵扰是极为重要的，本章使用 USB 棒和移动电话两个简单装置论述了一些实用的结论。在特定的移动电话中，访问 SIM 卡时不得不先拆除电池，但这会重置电话设置，并污染证据，虽然简单但很重要。

（3）RASSC 项目继续探讨信任主题，并致力于为健康监视数据开发一种可持续的信息知识库服务。项目的推动力来自于从出售产品到提供服务模式的改变，以及在装备全寿命期控制数据的需求。其通过 SHM 案例，说明了如何通过考虑数据的管理、使用、搜索和信任，将健康管理的技术能力转化为商务服务。RASSC 也考虑了数据存储和技术的过时性问题，以及会遇到的法律和合同问题。

17.3 HUMS

（1）HUMS 主要用在直升机上，可视为是 IVHM 的先驱者。其历史可回溯到超过 30 年前，并为开发现代的 HUMS 和 IVHM 系统提供了方向。本章回顾了旋翼机 HUMS 的发展历史，并清晰地列出了每个阶段学到的教训。本章从 V-22 鱼鹰（倾旋翼）中央综合检验（Central Integrated Checkout，CIC）系统开始。其开发的一个教训是没有在军用平台上混合任务和维护数据（民用飞机上会混合），这主要是由于任务数据涉密，因而也会限制对维护数据的访问。接着是"北海"的经验，以及直升机 OEM 系统和 FAA 对 HUMS 发展的支持。本章的观点按编年表排列，并以当前 HUMS/CBM 军用和研发成果的回顾结束。

（2）介绍了在相当苛刻环境中服役的以色列空军经验，用以补充之前章节的经验。该项目启动的愿景是使用 HUMS 实现动态旋转部件的视情维护。这些部件的故障隔离所需的维护时间长，且昂贵的部件经常被错误拆下。针对 AH-64A 阿帕奇直升机，以色列空军上马了 THUMS（Total Health and Usage Monitoring System，THUMS）完整项目，并具有自动旋翼跟踪和配平功能。经验证实 THUMS 是有效的工具，并给出了多个使用案例。但是，其并没有意识到，THUMS 的开发需要遵从螺旋线规律，采纳并升级系统满足以色列空军的要求，或者需要进行深度的文化转型，以准备好胜任的工作和维护人员。为识别出这些，下一代 THUMS 已设定了新的愿景。

17.4 已列装系统

（1）巴西航空公司在"通往创新之路"一章介绍了 AHEAD-PRO 的开发，这是其 AHEAD 系统的发展型。AHEAD-PRO 是一种提供即时维护信息的报警系统，可对用户的技术运行进行优化。其提供了故障推送服务，且在时间轴上允许不进行定期维护。通过研究和技术过程，AHEAD-PRO 的开发得到了检验，并讨论了研发中学到的经验。经验范畴涵盖了从仔细选择资助基金来源，与用户的持续沟通，到组织方面为市场带来新的提议。后者涉及文化，和遇到的畏首畏尾、不敢尝试的态度。

（2）本章介绍霍尼韦尔在 IVHM 方面所做的一些案例。其经验可回溯到 20 世纪 70 年代早期的 HUMS 系统，后来在 AH-64A 和很多其他型号的直升机上应用，其功能还包括了转子修匀和振动扫频。霍尼韦尔为流程行业开发了 IVHM 解决方案，主要为操作员提供建议，以减少装备停机时间。其在 B-777 中配装的机载维护系统（Onboard Maintenance Systems，OMS）中所做的贡献被认为是商业飞机 IVHM 的里程碑事件。OMS 包含一个推理机、系统参考模型和中央维护计算机（Central Maintenance Computer，CMC）中的数据采集工具。也开发了四维向量空间的性能趋势监视和诊断（Performance Trend Monitoring and Diagnostics，PTMD），这一系统已监视超过 2000 台 APU。针对 IVHM，强调了易表达业务案例的价值，演示发现四大支柱方法有效。

（3）本章通过机载和地面系统介绍了空客的 IVHM 发展历史。机载部分从 A300/A310 的趋势法和阈值法开始，到 A320/A330/A340 的 ACMS 系统（Aircraft Condition Monitoring System，ACMS），再到 A380/A350 扩展的中央维护系统和改进的工作流。与最后阶段对应，空客引入了 COMETE（COordination Maintenance End-To-End，COMETE）工作组，同时包括了为产生飞机维修性通用愿景的供应商和维护人员。对地面部分，AIRMAN（AIRcraft Maintenance Analysis，AIRMAN）在 1995 年从 A320 开始，使得飞机的技术状态监视成为现实。最新版本 AIRMAN-Web 从 2010 年开始，是一种由空客托管和维护的网页版应用程序。其提供了相当多的扩展功能，用户可通过网络服务 24 小时/7 天全时段访问。飞机数据由航空公司所有，且除非航空公司授权都会保证其隐私性。未来的 IVHM 开发必须由运营商的效益驱动，例如从非计划到预测性维护的转变，或从当地在飞机上的维修，到远程维护等。

（4）介绍湾流 G650 飞机健康和趋势监视系统以及一些使用的演示。AHTMS 在飞行中采集超过 10000 个参数，为高优先级的机组告警系统事件和发动机健康数据，提供近实时的飞机状态监视。飞机通常通过 ACARS 也可以通过卫星通信连接到 HTM，向湾流的专家提供了在飞行中查询飞机的能力。AHTMS 有很多目标：①减少非计划内维护，并提高完好率，②当出现空中问题时，识别出空中问题并推送到地面机组，③通过自动将其转发到地面，取消了存储 FOQA/FDM 数据的需求和费用。给出了 AHTMS 服役中的三个案例，说明了近实时排故的能力怎样显著影响周转时间和可用度，从而为用户提供了更多的无故障运行时间。

（5）GE 在很多领域健康管理中的经验超过 30 年，从风机到铁路，从医学成像到水处理，从发电到飞机。GE 当前提供的服务已涵盖了超过 100000 台服役装备。本章从历史角度回顾了从数据记录器发展到直升飞机 HUMS 和飞机健康管理的过程。DARS 最初开发用于提供坠毁可生存的数据存储，随着语音和视频数据流的进步，为与之适应，DARS 的能力得到了对应的扩充。初期的 HUMS

开发聚焦在监视振动的趋势、滑油温度和压力以及碎屑探测上。这一能力随后扩展到包含旋翼跟踪和平衡的诊断。由于使用 HUMS 可识别出特定的飞行状态，因而军方用户可改变主要机械部件的定寿政策。AHMS 也以同样的方式发展，以满足用户的需求。GE 航空未来的愿景包括将当前确定性维护框架发展为概率性基于架次飞行的单机框架，也涉及系统和剩余有用寿命与如下方面的集成：①运营商的维护和工作系统，②供应商模型，③维护活动周期内由多个参与者轻松重构的能力。

17.5 结论

总结起来，本书主要给出了如何使用 IVHM 的真知灼见，读者可从这些经验中学到教训，并用于未来的项目中。探讨了如何解决这些技术应用、颇为重要的"软问题"。从个人名义讲，与这一系列丛书的主流研究者一起工作是过去四年中的一大幸事。总的来说，在与 75 位作者和 70 位审稿人一起工作期间，由于时间紧任务重、系列丛书标准要求高，我深深因为他们慷慨付出自己的时间和专业学识而感动。谢谢你们。最后，要感谢 SAE 国际，尤其是 Monica Nogueira 女士。我们提供了内容，但她给了这套丛书生命。

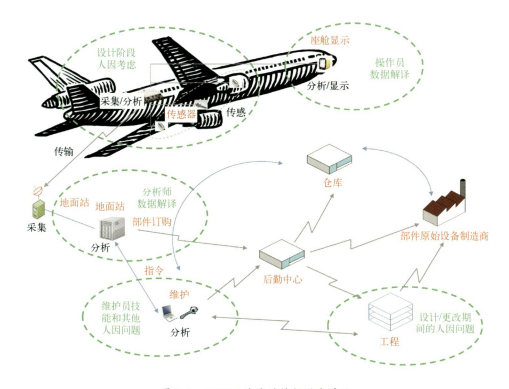

图 2-1 IVHM 使能的维护后勤系统

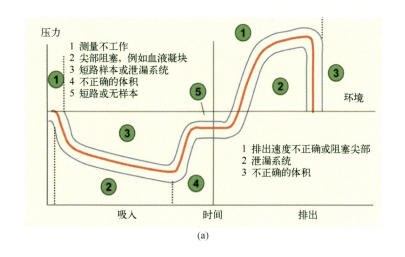

(a)

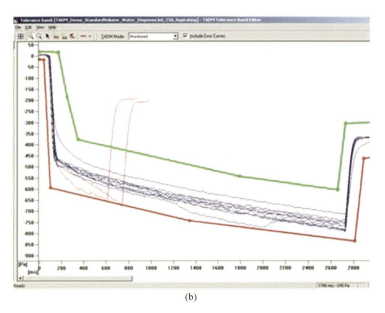

(b)

图 10-3 （a）在吸入和排出操作期间压力值随时间的变化情况，检测的错误按数字编号列出，并显示可能出现错误的位置；（b）吸入期间的压力采集数据，宽绿色和红色线是 50 次重复测量的三倍标准差上下边界。窄红色线所示的是吸入期间出现的凝块——压力逐渐下降经过可接受点直到接触边界。接着，这次吸入被终止。

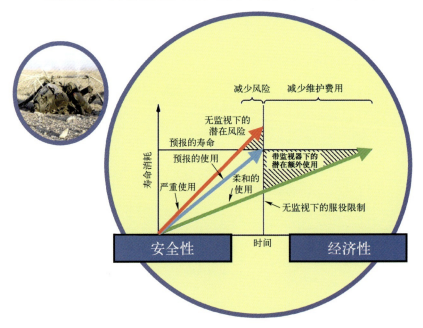

图 12-1 寿命消耗与时间或工作小时关系

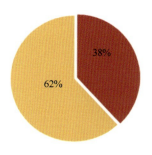

图 12-6 报警分类（严重等级）

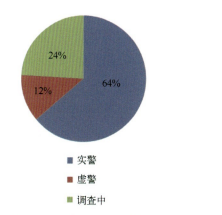

图 12-7 报警分类（实虚警）

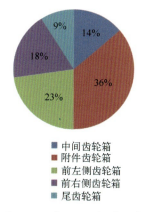

图 12-8 按 LRU 报警分类